Die Messung des technischen Fortschritts im Rahmen des gesamtwirtschaftlichen Wachstumsprozesses

Von

Prof. Dr. Florian H. Fleck
Fribourg

Mit 6 Textabbildungen

1966
Springer-Verlag
Wien · New York

ISBN-13: 978-3-211-80756-9 e-ISBN-13: 978-3-7091-7934-5
DOI: 10.1007/978-3-7091-7934-5

Library of Congress Catalog Card Number 66-22392

Ergänzte Sonderausgabe aus
Zeitschrift für Nationalökonomie
XXV (1965), Heft 1-4

Titel Nr. 9176

Vorwort

Das Problem der wirtschaftlichen Wirkungen des technischen Fortschritts und deren Messung ist so alt wie die klassische Nationalökonomie selbst. Schon Adam Smith behandelt diese Effekte des technischen Fortschritts unter dem Gesichtspunkt der Arbeitsteilung und der Arbeitsvereinigung. Ricardo hat das Kapitel Nr. XXXI „Über das Maschinenwesen" erst in der 3. Auflage seiner „Principles of Political Economy and Taxation" (1821 erschienen) hinzugefügt. Dabei fallen die Ausführungen dieses Kapitels bekanntlich stark aus dem Rahmen der im genannten Hauptwerk verwirklichten strengen Systematik. Aus der von P. Sraffa herausgegebenen Korrespondenz von *vier* Bänden geht hervor, wie schwer Ricardo in seinen Disputationen mit Malthus, Sismondi und Say um diese neuen Erkenntnisse gerungen hat. Mit Marx beginnt eigentlich die Analyse des technischen Fortschritts als gestaltende Kraft in der Wirtschaftsdynamik und für das wirtschaftliche Wachstum. In neuerer Zeit haben vor allem Schumpeter und J. R. Hicks neben vielen anderen jüngeren Autoren versucht, die Problematik des technischen Fortschritts in die allgemeine Theorie einzubauen. Das Hauptanliegen der Theoretiker hinsichtlich dieses Themas besteht heute darin, im Rahmen der Wachstumstheorie Meßansätze für die Wirkungen des technischen Fortschritts zu entwickeln, die uns eine Vorstellung über die Größenordnung der Effekte des technischen Fortschritts wiedergeben.

In der vorliegenden Arbeit hat F. H. Fleck, einer meiner ersten Schüler, die *Messung des technischen Fortschritts* in diesem Sinne behandelt. Es ging vor allem darum, schon vorhandene Messungsmethoden der makro-ökonomischen und auch mikro-ökonomischen Wirkungen des technischen Fortschritts darzustellen und kritisch zu beleuchten. Andererseits schwebte mir als Aufgabenstellung vor, wenn möglich die bereits bekannten Meßansätze zu verbessern. In diesem Sinne versuchte Fleck, besonders die Messungsformel der *totalen Mengenproduktivität,* den Kendrick-Ansatz, weiter zu entwickeln durch Berücksichtigung des Ausnutzungsgrades der Kapazitäten, durch Einbau der Kosten des technischen Fortschritts, durch Aufteilung der Gesamtwirtschaft in Einzelbereiche (Sektoren) und Einbezug der Strukturkoeffizienten.

Eine zweite, sehr bedeutsame Messungsmethode basiert auf der Cobb-Douglas-Produktionsfunktion und deren Verbesserung bzw. Verfeinerung. Hier unterzog sich Fleck der Mühe, eine Übersicht über die Entwicklung der ursprünglichen Produktionsfunktion bis zu den neuesten Meßkonzepten kritisch wiederzugeben. Es bleibt aber noch viel Arbeit auf diesem Forschungsgebiet zu leisten. Besonders sind von Arbeitsteams und Forschungsinstituten die notwendigen statistischen Untersuchungen mit den verschiedensten Meßansätzen an den gleichen Zahlenreihen durchzuführen. Nur so erhalten wir letzten Endes den *Know-how* und ein Urteil über die Zweckmäßigkeit des einzelnen Meßansatzes.

Dank sei schließlich an dieser Stelle dem Gesellschafter des Springer-Verlages Wien · New York, Herrn Senator Otto Lange, ausgesprochen, der in großzügiger Weise es ermöglichte, daß die ursprünglich in der „Zeitschrift für Nationalökonomie", Bd. XXV (1965), abgedruckte Abhandlung, als selbständige Buchausgabe mit einer Bibliographie versehen, herausgegeben werden konnte.

Freiburg (Schweiz), März 1966.

B. M. Biucchi

Inhaltsverzeichnis

Abkürzungsverzeichnis

Periodica:

AER	American Economic Review
Ectrica	Econometrica
EJ	Economic Journal
ET	Ekonomisk Tidskrift
IER	International Economic Review
Indian ER	Indian Economic Review
JbfNSt.	Jahrbücher für Nationalökonomie und Statistik
JEH	Journal of Economic History
JFE	Journal of Farm Economics
JPE	Journal of Political Economy
KPo.	Konjunkturpolitik
Metroeca	Metroeconomica
PMR	Productivity Measurement Review
QJE	Quarterly Journal of Economics
Récque	Revue économique
REStatistics	Review of Economics and Statistics
REStudies	Review of Economic Studies
SchmJb.	Schmollers Jahrbuch
SchwZfVSt.	Schweizerische Zeitschrift für Volkswirtschaft und Statistik
WA	Weltwirtschaftliches Archiv
WR	Wirtschaft und Recht
WSt.	Wirtschaft und Statistik
ZfBw.	Zeitschrift für Betriebswirtschaft
ZfgSt.	Zeitschrift für die gesamte Staatswissenschaft
ZfhF	Zeitschrift für handelswissenschaftliche Forschung
ZfN	Zeitschrift für Nationalökonomie

Einleitung

Die neueren Richtungen der Konjunktur- und Wachstumstheorien lassen sich summarisch in zwei Gruppen einteilen:

a) Theorien, die Fluktuationen um einen Wachstumstrend behandeln, wobei der Trend ausdrücklich eliminiert oder gar nicht selbst erklärt wird[1] (die Konjunkturtheorien).

b) Dynamische Theorien, die ein *stetiges gleichmäßiges* Wirtschaftswachstum annehmen, die Voraussetzungen dafür bestimmen, aber keine Aussage darüber machen, was geschieht, wenn aus irgendwelchen Gründen die Wachstumsrate sich ändert[2].

Anliegen der modernen Volkswirtschaftstheorie ist deshalb, eine Synthese beider Gruppen von Theorien herzustellen, um wirklich *die* Konjunktur- und Wachstumstheorie zu begründen. Dabei sollen die makroökonomischen Größen und deren Veränderung durch eine kleine Anzahl von Bestimmenden erklärt werden. Zudem soll die Globalgrößen-Betrachtung bestimmte mikro-ökonomische Zusammenhänge, institutionale und auch psychologische Faktoren genügend berücksichtigen.

Eine der wichtigsten Determinanten für Investition und Wachstum, die neuerdings immer mehr in den Vordergrund der wirtschaftstheoretischen Betrachtungen rückt, ist der „technische Fortschritt". Problem Nummer 1 ist dabei: Wie läßt sich dieser Impulsfaktor für den wirtschaftlichen Kernprozeß von anderen Impulsfaktoren, wie Bevölkerungswachstum, Entdeckung und Entwicklung neuer Gebiete und Hilfsquellen, Erschließung und Eroberung neuer Märkte (Ausbau der Außenhandelsbeziehungen), zunehmende Staatstätigkeit und zusätzlicher Kredit- und Geldumlauf, in seinen Auswirkungen rein isolieren und womöglich quantitativ erfassen?

Die *engere Problemstellung* lautet deshalb: a) theoretische Analyse der Wachstumsvorgänge unter Einbezug des technischen Fortschritts *ex-*

---

[1] Vgl. J. R. Hicks: A Contribution to the Theory of the Trade Cycle. Oxford: 1950.

[2] Die Arbeiten von R. F. Harrod und E. D. Domar, aber auch schon von G. Cassel, behandeln das gleichmäßige Wirtschaftswachstum. A. Smithies versuchte als erster, beide Anschauungen in einem Modell zu vereinigen. Vgl. derselbe: Economic Fluctuations and Growth. Ectrica 25 (1957), S. 1 ff. Vgl. auch die Spezialdiskussion an der Tagung des Vereins für Socialpolitik, Baden-Baden 1958; dabei wurde ebenfalls eine Verbindung, „ja Verschmelzung der Theorie des Konjunkturzyklus mit derjenigen langfristigen Wachstums" postuliert. — In: Finanz- und währungspolitische Bedingungen stetigen Wirtschaftswachstums. (Schriften des Vereins für Socialpolitik, N. F. 15.) Berlin: 1959, S. 304

plicite; b) empirische Analyse des technischen Fortschritts, d. h. dessen Wirkungen in einer wachsenden Volkswirtschaft, seine Größenmessung und numerische Bestimmung.

Im gesamtwirtschaftlichen Wachstumsprozeß sind die wichtigsten Bestimmenden:

die Arbeitskraft (aktive Bevölkerung) und deren Wachstumsrate,

das Kapital (Kapitalstock und Investitionsausgaben p. a.)

und die technische und organisatorische Leistungsfähigkeit (technischer Fortschritt) bzw. die Steigerungsrate der Produktivität.

Das Arbeitsangebot als solches hat vier Dimensionen: Zahl der Arbeitskräfte (Arbeitspotential), Qualität der Arbeitskräfte, geleistete Arbeitsstunden und Arbeitsintensität. Dagegen wächst das Kapital nur in zwei Dimensionen: der Kapitalvertiefung und der Kapitalerweiterung als qualitative Veränderung und quantitative Ausweitung. Der letzte Faktor, der technische Fortschritt, ist der komplizierteste, sowohl was seine Abgrenzung als auch was seine genaue Erfassung anbelangt. Trotzdem haben die neueren makro-ökonomischen und ökonometrischen Untersuchungen diese Determinante als zentrales Problem erkannt und *gleichberechtigt* neben die beiden andern Faktoren gestellt[3].

Die auftretenden Schwierigkeiten bei Durchführung von praktischen Rechnungen können hier nicht gesondert behandelt werden. Die Ideallösungen der angeführten theoretischen Modellfälle müssen durch Näherungslösungen aus der Praxis heraus ersetzt werden, weil die Unterlagen zur Aufstellung der Realreihen für die Variablen Arbeit, Kapital und Total*output* oft sehr mangelhaft und womöglich gar nicht greifbar sind. Das heißt jedoch nicht, daß auf ein weiteres analytisches Durchdenken des gesamten Fragenkomplexes des technischen Fortschritts verzichtet werden soll.

Zu besonderem Dank bin ich meinem verehrten Lehrer, Herrn Professor B. M. Biucchi, verpflichtet, auf dessen Anregung hin die vorliegende Studie geschrieben wurde und der mich durch seinen Rat unterstützte. Ferner möchte ich dem Präsidenten der Forschungskommission der Universität Freiburg im Uechtland, Herrn Professor H. O. Lüthi, ebenfalls herzlichen Dank abstatten, daß es mir durch ein Stipendium ermöglicht wurde, neben der Berufsarbeit im graphischen Gewerbe den Fragenkreis der Messung des technischen Fortschritts eingehender zu untersuchen. Und zu guter Letzt möchte ich den Herren Professoren E. Billeter und J. Niehans dafür danken, daß sie eine kritische Durchsicht des Manuskripts übernahmen. Der freundlichen Mithilfe der genannten Herren ist es zuzuschreiben, daß die vorliegende Studie in dieser Form herausgegeben wird. Für allfällige Fehler oder Mängel der Untersuchung ist selbstverständlich der Verfasser allein verantwortlich. Wie sagt doch schon Cicero: „Cuiusvis hominis est errare, nullius nisi insipientis, in errore perseverare.“

F. H. Fleck

---

[3] Vgl. F. Gruenig: Die makro-ökonomischen Determinanten des Wirtschaftspotentials. Ein Beitrag zur langfristigen Vorausschätzung. (DIW-Sonderhefte, N. F., Nr. 52.) Berlin: 1960, S. 6.

Erstes Kapitel

Begriff des technischen Fortschritts in der Wirtschaftstheorie

Die Interpretation des technischen Fortschritts als *ökonomischen Tatbestand* und dessen wirtschaftstheoretische Erfassung ist ein vielschichtiges Problem. Grundsätzlich werden von vornherein alle anderen Aspekte der Bedingungen und Wirkungen des technischen Fortschritts, seien sie soziologischer oder kultureller Art, ausgeklammert[4]. Im ökonomischen Sinne bleiben speziell zwei Fragen zu untersuchen: die Fortschritte des technischen Wissens und die Fortschritte in der angewandten Produktionstechnik. Die Trennung der Tätigkeit des menschlichen Geistes zur *Erweiterung des technischen Horizonts* als schöpferischer Leistung (Erfindung/invention) und *der wirtschaftlichen Anwendung dieser neuen Erkenntnisse* (Neuerung/innovation) ist nicht nur definitorisch, sondern auch wirtschaftshistorisch und für die Messung des Phänomens bedeutsam. Denn „erst mit der wirtschaftlichen Realisierung wird der potentielle technische Fortschritt, den jede Erfindung darstellt, aktualisiert und wirtschaftlich wirksam“, schreibt Ott im Handwörterbuch der Sozialwissenschaften[5].

Für die Wirtschaftstheorie ergibt sich somit eine erste Umschreibung des Begriffsinhalts des technischen Fortschritts als

1. *Anwendung neuer Produktionsverfahren, die eine Steigerung der Erträge der Unternehmungen dadurch ermöglichen, daß eine bestimmte Ausbringungsmenge bekannter Produkte mit niedrigeren Kosten oder eine größere Menge mit gleichen Kosten hergestellt wird;*

2. *die Erzeugung und Durchsetzung neuer Produkte bzw. neuer Qualitäten von Produkten, die bisher unbekannt waren*[6]; und

3. *die Anwendung neuer Produktionsverfahren zur Herstellung neuer Produkte.*

Damit ist auch das Kriterium der Wirtschaftlichkeit gegeben, das in einer Erhöhung des Unternehmer-Einkommens seinen Ausdruck findet. Mit anderen Worten, der technische Fortschritt ist die Führungskraft bzw. unabhängige Variable, die im dynamischen Wachstumsprozeß das Sinken

---

[4] Vgl. O. Spengler: Der Mensch und die Technik. München: 1932. — O. Veit: Die Tragik des technischen Zeitalters. Berlin: 1935. — A. J. Toynbee: Kultur und Scheidewege. Zürich—Wien: 1949. — W. Hoffmann: Wirtschaftliche und soziologische Probleme des technischen Fortschritts. (Reihe, herausgegeben von der Arbeitsgemeinschaft für Forschung des Landes Nordrhein-Westfalen.) Köln und Opladen: 1954, Heft 8, S. 55—71. — F. H. Fleck: Untersuchungen zur ökonomischen Theorie vom technischen Fortschritt. Freiburg (Schweiz): 1957, S. 1 ff., Einleitung.

[5] A. E. Ott: Technischer Fortschritt. Artikel in HSozw., Bd. 10, S. 302 ff.

[6] Hierher gehören auch die Anwendung neuer Rohstoffe, Hilfsquellen und Energien sowie die Verwertung der bis zum betreffenden Zeitpunkte wertlosen Abfallprodukte. In all diesen Fällen findet ein Übergang zu *neuen Produktionsfunktionen* statt, was identisch ist mit der wirtschaftlichen Realisierung von technischen Fortschritten.

der Grenzleistungsfähigkeit des Kapitals auf Null verhindert[6a]. Wie sich der technische Fortschritt auf den gesamten Verteilungsprozeß und speziell auf den Anteil des Arbeitseinkommens auswirkt, ist eine Frage, mit der sich die Theorie der Einkommensverteilung beschäftigt. — Für das Wachstum des *realen* Sozialprodukts sind also bestimmend die Entwicklung des Arbeitspotentials (Beschäftigung), die Größe der Realkapitalbildung und der technische Fortschritt. Aufgabe der makro-ökonomischen Analyse ist nun, diese Größen bei Beachtung des Faktors der strukturellen Veränderungen innerhalb einer Volkswirtschaft, der unterschiedlichen Auslastung der Produktionskapazitäten, *einzeln realiter* zu messen. Bevor jedoch dieser Schritt unternommen werden kann, sind eingehendere, vor allem mikro-ökonomische Untersuchungen notwendig. — Zunächst ist vom Begriff des technischen Fortschritts derjenige der *Rationalisierung* abzugrenzen. Letzterer beinhaltet lediglich die Vorgänge, *wie* bei Erzeugung eines Produkts oder bei Durchführung eines Produktionsprozesses durch verbesserte Kombination der Produktionsfaktoren *bei gegebener* (bekannter) *Produktionsfunktion eine Herstellung zu günstigeren Kosten erfolgen kann.*

Der Terminus *technischer Fortschritt* wurde zunächst einmal generell definiert, er umfaßt aber verschiedenartige Vorgänge, die noch genauer beschrieben und abgegrenzt werden müssen. Inhalt und Gebrauch des Begriffs zur empirischen Messung zwingt zu einer scharfen Trennung zwischen *Substitution* und *technischem Fortschritt.* Zunehmende Kapitalintensität (Einsatz von Kapital pro Beschäftigtem) beeinflußt einerseits das Produktionsergebnis und anderseits wird dieses durch den technischen Fortschritt beeinflußt. Gemäß den Eigenschaften des Angebotes an Produktionsmitteln, substitutiv oder limitational, hat Ott das Verhältnis von Faktorsubstitution, Prozeßsubstitution und technischem Fortschritt gründlich untersucht[7]. Zu diesem Zwecke unterscheidet er drei Fälle, die entsprechend variiert werden:

a) Substitution von Produktionsfaktoren bei gegebener Produktionsfunktion infolge Änderung der Faktorpreisrelation (Substitution ohne technischen Fortschritt oder *Faktorsubstitution*);

b) Übergang von einem Produktionsverfahren zu einem neuen Verfahren bei Wechsel der Produktionsfunktion unabhängig vom Verhältnis der relativen Faktorpreise (Faktorpreisrelation-unabhängiger oder *autonomer technischer Fortschritt*);

c) Übergang von einem Produktionsverfahren zu einem neuen Verfahren bei Wechsel der Produktionsfunktion abhängig von einer Veränderung der relativen Faktorpreise (Faktorpreisrelation-abhängiger oder *induzierter technischer Fortschritt*).

Technischer Fortschritt ist in den Fällen *b* und *c* gegeben, wo jeweils ein Wechsel der Produktionsfunktion vorliegt. Dagegen ist die Faktor-

---

[6a] Ob dieser Faktor technischer Fortschritt wirklich so unabhängig ist oder ob nicht bestimmte technische Fortschritte abhängig (induziert) sind, darauf wird später noch einzugehen sein.

[7] A. E. Ott: Zum Problem des technischen Fortschritts. JbfNSt. *172* (1960), Heft 2, S. 167.

substitution, die nur bei substitutiven Produktionsmitteln möglich ist, niemals ein technischer Fortschritt. Produktionsfunktion und angewandte Produktionstechnik ändern sich gemäß obiger Definition *a* nicht. Die Faktorsubstitution wird in der Realität bei massiven Lohnerhöhungen und Arbeitszeitverkürzungen meistens in der Form von Substitution von Arbeit durch Kapital vor sich gehen. Sicherlich ist mikro-ökonomisch auch der umgekehrte Fall denkbar und in Ausnahmefällen gegeben[8]. Bei den limitationalen Produktionsmitteln, die in einem Produktionsverfahren (Prozeß) in eindeutiger Weise miteinander kombiniert sind als „Ausdruck einer bestimmten Produktionsfunktion, ist die Möglichkeit einer Veränderung der angewandten Produktionstechnik bei gegebener Produktionsfunktion *ex definitione* ausgeschlossen“[9]. Substitution eines Produktionsprozesses durch einen neuen Prozeß, die eine Erhöhung des Ertrages der Unternehmung ermöglicht, ist deshalb ohne Zweifel ein technischer Fortschritt, sei er durch Veränderung oder unabhängig von der Faktorpreisrelation veranlaßt worden.

Das folgende, von Ott konstruierte Schema dient gut zur Überprüfung und Abgrenzung der oben erläuterten Begriffe[10]:

<table>
<tr><td rowspan="3"></td><td rowspan="3"></td><td rowspan="3">I
FAKTOR-
SUBSTITU-
TION</td><td colspan="3">II
TECHNISCHER FORTSCHRITT</td></tr>
<tr><td rowspan="2">1
von Faktor-
preisrelation
unabhängig
(autonom)</td><td colspan="2">2
von Faktorpreisrelation
abhängig (induziert)</td></tr>
<tr><td>a) Produk-
tions-
funktion
vorher
unbekannt</td><td>b) Produk-
tions-
funktion
vorher
bekannt</td></tr>
<tr><td>A</td><td>Substitutive
Produktions-
mittel</td><td></td><td></td><td></td><td></td></tr>
<tr><td rowspan="2">B</td><td rowspan="2">Limitationale
Produktions-
mittel</td><td rowspan="2">aus-
geschlossen</td><td>↑</td><td>↑</td><td>↑</td></tr>
<tr><td colspan="3">Prozeßsubstitution</td></tr>
</table>

[8] Im Hinblick auf unser Thema der makro-ökonomischen Messung des technischen Fortschritts ist die erste Annahme der Substitution der menschlichen Arbeit durch Realkapital der Regelfall. Die Veränderungen von Kapitalintensität K/A und von Kapitalkoeffizient K/P lassen sich einzeln erfassen und berechnen.

A = Arbeit, K = Realkapital, P = reales Sozialprodukt

[9] H. Krieghoff: Technischer Fortschritt und Produktivitätssteigerung. Berlin: 1958, S. 46.

[10] A. E. Ott: Zum Problem des technischen Fortschritts. A. a. O., S. 167.

Der von einer Veränderung der Faktorpreisrelation abhängige technische Fortschritt (induzierter technischer Fortschritt bzw. induzierte Prozeß-Substitution) ist unterteilt in Fall 2 a, Produktionsfunktion vorher unbekannt, und Fall 2 b, Produktionsfunktion vorher bekannt. Im ersteren Falle ist die Entscheidung leicht zu treffen. Es handelt sich um einen Übergang zu einer anderen, vorher *nicht* bekannten Produktionsfunktion auf Grund einer Veränderung des Verhältnisses der relativen Faktorpreise. Der Übergang zu einem neuen Produktionsverfahren bei Wechsel der Produktionsfunktion läßt *eindeutig* auf technischen Fortschritt schließen. Natürlich wird im wirtschaftlichen Alltag auf eine Änderung der Faktorpreisrelation nicht sofort ein Übergang zu einer neuen, bisher unbekannten Produktionstechnik erfolgen können. Sobald aber die Ausweitung des technischen Horizonts (Erfindung) und die Anwendung der neuen Erkenntnisse verhältnismäßig kurzfristig erfolgen, so können wir diese Spezies des technischen Fortschritts unter den genannten Fall (2 a) subsumieren. In dieser Hinsicht sind Otts Ausführungen zu ergänzen; denn der „idealtypische" Fall: Eintritt der Faktorpreisänderung, sofortiger Übergang zu einem neuen, unbekannten Produktionsverfahren, ist nicht nur unwahrscheinlich, sondern auch unlogisch[11].

Im Fall (2 b) dagegen ist die Produktionsfunktion (das Produktionsverfahren) vorher schon bekannt, ist aber bei den ursprünglichen Faktorpreisen nicht angewandt worden. Nachdem sich nun die Faktorpreisrelation ändert, findet ein Wechsel der Produktionsfunktion, ein Übergang zum neuen Verfahren statt. Das entscheidende Kriterium ökonomischer Art für das Vorhandensein eines technischen Fortschritts ist auch bei dieser Sachlage gegeben: Wechsel der Produktionsfunktion (neue Isoquante) bei Erhöhung des Unternehmereinkommens und im Regelfall auch Steigen der Grenzleistungsfähigkeit des Kapitals. Ott kommt am Schluß zur selben Ansicht, wenn er von einer „etwas künstlichen Trennung" spricht bei Anwendung neuer Produktionsverfahren infolge Faktorpreisänderungen, seien diese Verfahren vorher unbekannt oder bekannt. Daher haben wir sein ursprüngliches Schema gleich entsprechend geändert und Fall II, 2 b, neben den Fall II, 2 a, unter den Oberbegriff *technischer Fortschritt* gestellt. Im Gegensatz dazu liegt bei der Faktorsubstitution von substitutiven Produktionsmitteln keine Änderung der Produktionsfunktion, sondern nur eine Bewegung entlang einer gegebenen Isoquante vor. Damit ist die Abgrenzung ganz klar ausgedrückt.

Die Abgrenzung zwischen Faktorsubstitution und technischem Fortschritt, sei letzterer autonom oder induziert veranlaßt worden, läßt sich auch sehr gut an Hand einer graphischen Darstellung aufzeigen, die von G. Bombach stammt[12] (Abb. 1).

---

[11] Vgl. derselbe, a. a. O., S. 168, wo er den Grenzfall annimmt, daß „die neue Technik ungefähr gleichzeitig mit der Veränderung der Faktorpreisrelation erfunden wird". Übrigens weist G. F. Bloom nach Überprüfung einer größeren Anzahl von bekannten Erfindungen darauf hin, daß verhältnismäßig wenige davon unter den Begriff „induzierter technischer Fortschritt" fallen (G. F. Bloom: A Note on Hicks's Theory of Invention. AER *36* [1946], S. 129).

[12] G. Bombach: Quantitative und monetäre Aspekte des Wirtschaftswachstums. Referat auf der Tagung des Vereins für Socialpolitik in Baden-Baden

Auf der Abszisse des Koordinatensystems sind die Maßeinheiten der menschlichen Arbeit (Arbeiterjahre oder Arbeitsstunden), die während einer Periode innerhalb einer Volkswirtschaft geleistet wurden, angegeben, dagegen ist auf der Ordinate der durchschnittliche Realkapital-Stock der

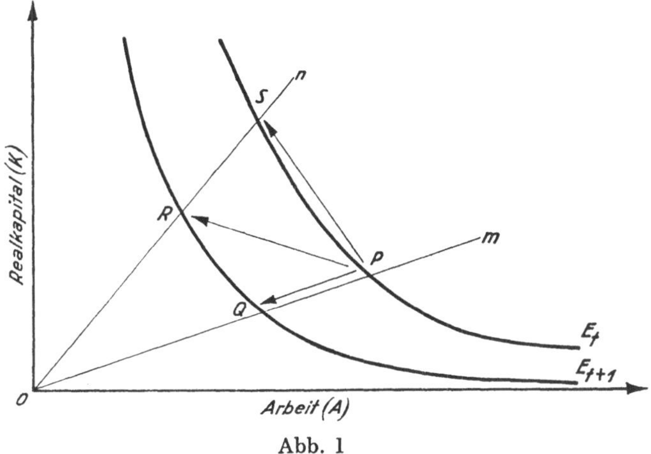

Abb. 1

betreffenden Periode abgetragen. So zeigt uns die Isoquante E_t alle Kombinationsmöglichkeiten von Arbeit und Realkapital bei gegebenem Stand der angewandten Produktionstechnik, die das Erzielen des Realeinkommens E in der Periode t ermöglicht[13].

Ein technischer Fortschritt tritt dann ein, wenn die Isoquante nach links in Richtung des Koordinatenursprungs O gerückt ist, wie das durch die Kurve E_{t+1} dargestellt wird. Die beiden Isoquanten E_t und E_{t+1} stellen zwei unterschiedliche Produktionssysteme im Zeitpunkt t und $t+1$ dar; jedoch wird jeweils das gleich große Realeinkommen E produziert. Das heißt, daß die durch die Isoquante E_{t+1} versinnbildlichten Kombinationen mit niedrigerem Faktoreinsatz arbeiten und deshalb eine größere Effizienz aufweisen als derselbe quantitative *input* von A und K in der Periode t. Eine Voraussetzung hat Bombach in die obige Abbildung gleich einbezogen, nämlich diejenige, daß sich die beiden Isoquanten-Kurven *nicht annähern und verhältnismäßig durchgehend dieselbe Krümmung aufweisen,* wodurch der *„neutrale technische Fortschritt“* charakterisiert wird. Diese Annahme ist zur Entwicklung seines makro-ökonomischen Wachstumsmodells sicher von Nutzen. Jedoch müssen wir real gesehen und in der Mehrzahl der einzelnen mikro-ökonomischen Fälle einen ande-

1958. In: Finanz- und währungspolitische Bedingungen stetigen Wirtschaftswachstums. (Schriften des Vereins für Socialpolitik, N. F. 15.) Berlin: 1959, S. 225. — Derselbe: Die verschiedenen Ansätze der Verteilungstheorie. In: Einkommensverteilung und technischer Fortschritt. (Schriften des Vereins für Socialpolitik, N. F. 17.) Berlin: 1959, S. 118. — W. G. Waffenschmidt: Produktion. Meisenheim a. d. Glan: 1955, S. 52 f.

[13] Bombach setzt hier *implicite* das Vorhandensein einer makro-ökonomischen Produktionsfunktion voraus.

ren Kurvenverlauf annehmen, wovon später noch zu sprechen sein wird. Der „neutrale technische Fortschritt“ wird durch Bombach wie schon früher durch Hicks und Robinson als solcher umschrieben, der die *Grenzrate der Substitution* ($\delta A / \delta K$) *für jedes beliebige konstante Kombinationsverhältnis von Realkapital und Arbeit unverändert läßt.* Mit anderen Worten, die Grenzprodukte beider Faktoren werden in gleichem Verhältnis erhöht, womit aber nicht im Regelfall die gleiche Kapitalintensität K/A gewährt bleibt[14]. Denn wenn sich die Isoquanten in der Zeitfolge durch den technischen Fortschritt nicht im gleichen Verhältnis den beiden Koordinatenachsen (Arbeits- und Kapitalachse) annähern, so ändert sich das Bild.

Anhand vorstehender Darstellung lassen sich die verschiedenartigen Änderungen der Faktorkombinationen aufzeigen:

1. Bewegung entlang gegebener Produktionsfunktion (Isoquante) E_t von P nach S. *Faktorsubstitution ohne technischen Fortschritt.*

2. Bewegung entlang der durch den Ursprung gezogenen Geraden m von P nach Q bei Wechsel der Produktionsfunktion E_t zu E_{t+1}. *Technischer Fortschritt ohne Faktorsubstitution.*

3. Bewegung von P nach R (R liegt auf gleichem Leitstrahl n wie S) bei Wechsel der Produktionsfunktion und der Geraden m, dem geometrischen Ort aller Punkte gleicher Kapitalintensität wie in P. *Technischer Fortschritt und simultane Faktorsubstitution.*

Daraus lassen sich das Verhalten und die Beziehungen von Arbeitsproduktivität und Kapitalproduktivität, von Arbeitskoeffizient und Kapitalkoeffizient als reziproke Werte der erstgenannten Größen, gut ableiten. In allen drei Fällen nimmt die Arbeitsproduktivität (E/A) zu. In Fall eins sinkt die Kapitalproduktivität (E/K) bei der Faktorsubstitution von Arbeit durch Kapital, d. h. der durchschnittliche Kapitalkoeffizient K/E wird größer. Hingegen steigen im zweiten Fall, dem technischen Fortschritt (neutraler Art) ohne Substitution, sowohl die Arbeits- als auch die Kapitalproduktivität. Dagegen nimmt der Kapitalkoeffizient ab. Der *Fall drei, Fortschritt mit gleichzeitiger Substitution,* ist jedoch der im Wirtschaftsleben häufigste *Regelfall.* Auch hier steigt die Arbeitsproduktivität, doch läßt sich über die Veränderung von Kapitalproduktivität bzw. Kapitalkoeffizient keine eindeutige Tendenz nachweisen.

Das Fazit liegt aber auf der Hand. *Technischer Fortschritt und Faktorsubstitution erhöhen gemeinsam die Arbeitsproduktivität.* Der technische Fortschritt allein bewirkt ein Steigen der Kapitalproduktivität bzw. Sinken des Kapitalkoeffizienten. Umgekehrt vermindert die Faktorsubstitution der Arbeit durch Realkapital die Kapitalproduktivität und steigert damit den Kapitalkoeffizienten. Beide Komponenten wirken in gegen-

---

[14] Vgl. J. R. Hicks: The Theory of Wages. London: 1932, S. 121 f. — J. Robinson: Essays in the Theory of Employment. Oxford: 1947 (orig. 1937), S. 96. — Dieselbe: The Classification of Inventions. In: Readings in the Theory of Income Distribution. Philadelphia—Toronto: 1946, S. 175 ff. — H. Walter: Technischer Fortschritt und Faktorsubstitution. JbfNSt. *175* (1963), S. 106 f.

sätzlicher Weise auf die Kapitalproduktivität (Kapitalkoeffizienten), sind aber in der Realität meist miteinander verbunden.

Zurück: Zur Annahme Bombachs, daß der technische Fortschritt neutral sei und sich bei Verschiebung der Produktionsfunktion nach links die beiden Kurven nicht schneiden, bleibt einiges zu bemerken. Makroökonomisch gesehen, ist diese Annahme gewiß zulässig. Mikro-ökonomisch ergeben sich folgende Gegenargumente. Bei limitationalen Produktionsmitteln und der Prozeß-Substitution (Übergang von einem Produktionsverfahren auf ein neues Verfahren), also Wechsel der Produktionsfunktion, darf bei den „naturalökonomischen Voraussetzungen" der kapitalistischen Produktionsweise nicht übersehen werden, daß das neue Verfahren im Regelfall mit einem größeren Einsatz an Realkapital arbeitet als das alte Verfahren. Dieser Einwand gilt auch bis zu einem gewissen Grade bei den substitutiven (oft nur begrenzt substitutiven) Produktionsmitteln. Im Verlauf der Geschichte der wirtschaftlich entwickelten Länder ist der Bestand an Realkapital rascher gewachsen als die Zahl der Beschäftigten innerhalb der betreffenden Volkswirtschaften. Bei den gegebenen institutionellen Voraussetzungen in jüngerer Zeit — bei einer expansiven Lohnpolitik der Gewerkschaften — pflegen die Arbeitskosten im Zuge der schleichenden Inflation rascher zu steigen als die Kapitalkosten. Die Triebfedern dieser Entwicklung sind das Bestreben nach kürzerer Arbeitszeit bei gleichzeitiger Erhöhung der Reallöhne, Indexlöhne und Knappheit an qualifizierten Arbeitskräften. Faktorsubstitution (Arbeit durch Kapital) und technischer Fortschritt geschehen oft gleichzeitig und sind real gesehen in den meisten Fällen untrennbar miteinander verknüpft (siehe Fall 3). Daher ist mikro-ökonomisch und erst recht makro-ökonomisch infolge der großen Zahl dieser spezifischen Entwicklungsvorgänge zu vermuten, daß auch im Falle der substitutiven Produktionsmittelkombinationen bei auftretenden technischen Fortschritten der durchschnittliche Kapitaleinsatz pro Arbeitsstunde sich vergrößert. Auch Kneschaurek kommt in seiner Studie über die „Wachstumsprobleme der schweizerischen Volkswirtschaft" zum Schluß, daß, abgesehen von der Tendenz zur Substitution der Arbeit durch Kapital, der technische Fortschritt *per se* schon die Einsatzgrößen der Investition mehr und mehr erhöht. Kennzeichen dafür sind der erhöhte „Investitionsbedarf, der in Verbindung mit der Automation, der Auswertung der Atomenergie oder den neuesten Entwicklungen auf den Gebieten der Aeronautik, der Elektrotechnik, der plastischen Stoffe und der Metallurgie entsteht". *Die Beschleunigung des technischen Fortschritts* bedingt einmal „rascheren Kapitalverschleiß" und zum andern eine „Intensivierung der Forschungs- und Entwicklungstätigkeit"[15]. Dazu führt Ott ebenfalls zwei wichtige Gründe an, warum wahrscheinlich der arbeitssparende und Kapital-mehr-benötigende technische Fortschritt vorherrscht:

a) In den vergangenen 150 Jahren war die Wachstumsrate des Kapitals höher als diejenige der Bevölkerung (speziell der geleisteten Arbeitsstunden).

---

[15] F. Kneschaurek: Wachstumsprobleme der schweizerischen Volkswirtschaft. WR *13* (1961), Heft 1, S. 41.

b) Der Unternehmer als Kapitalbesitzer ist mehr an der Durchsetzung arbeitssparender Neuerungen „interessiert“ als Gegengewicht zur gewerkschaftlichen Lohnpolitik[16].

Bei der Untersuchung der Beziehungen zwischen technischem Fortschritt und Investition kommt Charles Kennedy zu ähnlichen Schlußfolgerungen. Er unterscheidet scharf zwischen einer *einzelnen neutralen Erfindung* in einem Wirtschaftszweig, deren Anwendung nicht (unbedingt) eine Netto-Investition erfordert, und dem eigentlichen *neutralen technischen Fortschritt* der gesamten Volkswirtschaft im Zeitverlauf. Diese dynamische Wachstumsgröße wird nach seiner Ansicht in der Regel zusätzliche Netto-Investitionen veranlassen auf Grund des *Kapital-mehr-benötigenden Charakters* der Gesamtheit von Neuerungen, die den neutralen technischen Fortschritt ausmachen[17]. Umgehen wir aber das *dornige* Abschreibungsproblem und arbeiten nur mit der Brutto-Investitionsgröße, so hängt von der Fortschrittsrate auch die Zeitspanne der Wiederbeschaffung und damit das Verhältnis von Brutto-Investition zu *output* ab. Eine hohe, wenn auch „neutrale“ technische Fortschrittsrate bedeutet dementsprechend eine Tendenz zur Steigerung des Brutto-Kapitalkoeffizienten. Bekanntlich macht der Anteil der Ersatzbeschaffung an der gesamten Kapitalbildung rund 80 % in den entwickelten Volkswirtschaften aus.

Wir können daraus schließen, daß aus diesen Gründen die beiden Produktionsfunktionen (Isoquanten) eher eine geknickte Form aufweisen. Denn im Zuge des Wachstums einer entwickelten Volkswirtschaft mit steigender Realkapital-Akkumulation wird die Untergrenze des Mindest-Kapitaleinsatzes pro Produktionsprozeß und Ausbringungsprodukt stetig nach oben verschoben. Wenn wir ferner davon abgehen, daß der technische Fortschritt im Einzelfalle rein „neutraler Art“ ist, so fällt ein weiteres Argument für die genannte Annahme dahin. Ob wir auf lange Sicht eine gleichmäßige Streuung von einerseits kapitalsparenden und anderseits arbeitssparenden (Kapital-mehr-benötigenden) Erfindungen bzw. Neuerungen um einen „neutralen Trend“ feststellen können, muß erst noch auf makro-ökonomischer Ebene für mehrere Volkswirtschaften und über längere Zeitperioden hinweg bewiesen werden.

Wie nun mikro-ökonomisch das geänderte Kurvenbild aussieht, zeigt folgende Darstellung, wenn wir die nachstehenden Annahmen berücksichtigen:

1. Annahme: Der Realkapitalfaktor ist limitational oder substitutiv nach unten begrenzt, die Kurven weisen deshalb einen *Knick* auf.

2. Annahme: Die jeweils angewandten Produktionsprozesse befinden sich nicht im Eckpunkt des Knicks, dem Punkt des minimalsten Realkapitaleinsatzes, sondern etwas oberhalb davon[18] (Abb. 2).

---

[16] A. E. Ott: Technischer Fortschritt. Artikel in HSozw., a. a. O., S. 311.

[17] Ch. Kennedy: Technical Progress and Investment. EJ *71* (1961), S. 298 f.

[18] Als Grund dafür sind Vollbeschäftigung, Arbeitskräfte-Knappheit und steigende Lohnforderungen anzunehmen. Natürlich können wir auch auf diese aktuelle Zusatzannahme verzichten. In letzterem Falle vereinfacht sich die Darstellung, die Bewegung erfolgt dann von Kurvenknick zu Kurvenknick.

Die einzelnen Bewegungen jeweils entlang einer der beiden Ertragsisoquanten und der Wechsel von einer zur anderen Isoquanten lassen sich sehr leicht zum besseren Verständnis aufteilen. Auf diese Weise kann gezeigt werden, daß bei Einführung von technischen Fortschritten, verbunden mit Faktorsubstitution, zunächst sogar ein kostenmäßiger Rückschritt gegeben sein kann, bis dann mit zeitlicher Verzögerung die effizienteste

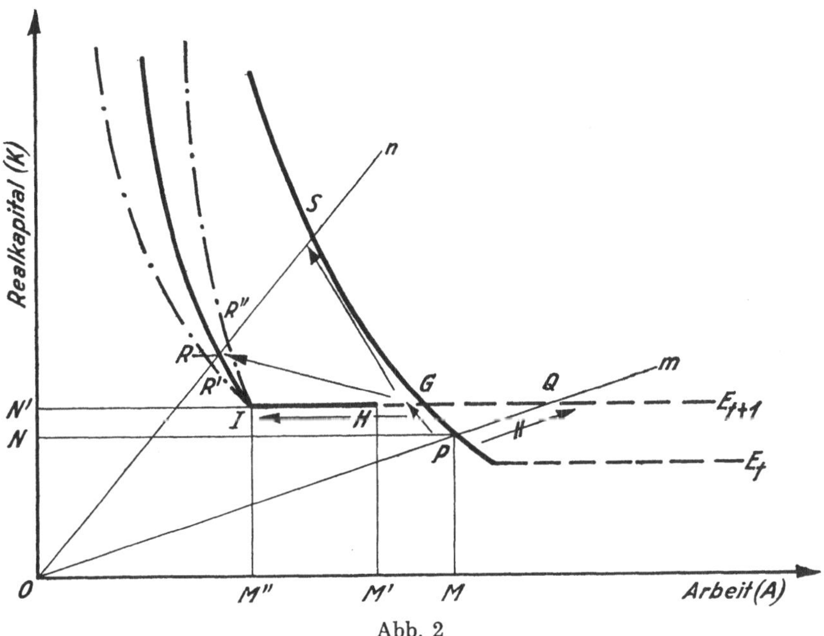

Abb. 2

und kostenmäßig günstigste Produktionsfaktoren-Kombination für eine vorgegebene Ausbringungsmenge erreicht wird. Natürlich ist streng definitorisch genommen jegliche Bewegung, die zu Mehrkosten führt — also rechts des Punktes H auf der Isoquante E_{t+1} —, kein technischer Fortschritt und ökonomisch irrelevant. Jedoch zeigt gerade die Erfahrung, daß der Übergang von einer Produktionsfunktion zu einer andern einmal Zeit erfordert und zum andern oft mit Mehrkosten zunächst verbunden sein kann. Dies läßt sich anhand vorstehender Graphik gut erklären:

1. Bewegung P—S bei gleicher Produktionsfunktion. *Faktorsubstitution ohne technischen Fortschritt.*

2. Bewegung P—Q entlang des durch den Ursprung gezogenen Leitstrahls m bei Wechsel der Produktionsfunktion, Mehreinsatz von Arbeit und Kapital bei gleichbleibender Kapitalintensität. *Diese Kombinationsänderung wird nicht durchgeführt wegen der Erhöhung der Gesamtkosten und selbstverständlich auch der Durchschnittskosten.*

3. Bewegung P—G—H bei Wechsel der Produktionsfunktion. Bei Punkt H sind die beiden Rechtecke $OMPN$ und $OM'HN'$ flächenmäßig gleich, d. h. die Gesamtkosten sind ebenfalls gleich. Wenn nun der

Arbeitseinsatz sukzessiv vermindert, während der Kapitaleinsatz um NN' auf einen Schlag erhöht wird, dann ist erst bei einem Arbeitseinsatz von weniger als OM' von einem technischen Fortschritt im eigentlichen theoretischen Sinne zu sprechen, d. h. es ist dann eine Realkostensenkung gegeben.

4. Bewegung *P—G—H—I* (Punkt im Kurvenknick). *Technischer Fortschritt und Faktorsubstitution.* Dies ist *a priori* der günstigste Fall auf der neuen Ertragsisoquanten. Der Arbeitseinsatz verringert sich von OM' auf OM'', und das Rechteck $OM''IN'$ weist die kleinste Größendimension auf. Die bei Punkt I abzweigenden eingezeichneten strichpunktierten Kurven zeigen Fortschrittsentwicklungen *aneutraler* Natur an.

5. Bewegung *P—R* oder nach R' (R''). *Technischer Fortschritt und erneute Faktorsubstitution.* Der Punkt *R*, auch R' und R'', liegen auf demselben Leitstrahl wie Punkt *S*. Alle diese Kombinationen weisen demnach dieselbe Kapitalintensität auf.

Aus dem Gezeigten gehen die komplexen Zusammenhänge zwischen Kapitalwachstum, Faktorsubstitution und technischem Fortschritt hervor. Auf diese gegenseitigen Beziehungen wird beim Messen des technischen Fortschritts noch speziell zurückzukommen sein.

Zweites Kapitel

Maßstäbe allgemeiner Art

Die Geistesentwicklung der Menschheit deutet darauf hin, daß das Bestreben zur Berechenbarkeit alles Seins sich mehr und mehr verstärkt. Wenn aber gemessen und gerechnet werden soll, so können anscheinend nur meßbare und berechenbare Dinge untersucht werden. Alles Unmeßbare scheidet aus dem Bereich der so verstandenen Wissenschaft aus. Der in diesen Gedanken geäußerte materialistische Rationalismus spaltet jedoch das gesamtheitliche wissenschaftliche Denken auf Grund eines aprioristischen Werturteils auf. Daher ist im Hinblick auf unser Thema ein unvoreingenommenes Denken am Platz, ganz gleich, ob man den technischen Fortschritt *prima vista* als meßbar oder nicht meßbar hält.

Nachdem im vorhergehenden Kapitel der zu messende Tatbestand genauer umschrieben wurde, stellt sich als nächstes die Frage nach *dem* Maßstab, welcher zum Messen verwendet werden soll. *Welcher Maßstab mit welchen Maßeinheiten ist der beste oder der geeignetste unter der Mehrzahl der möglichen Größenmaße?* — Dies ist nun im folgenden näher zu untersuchen.

Beginnen wir zunächst mit der Aufzählung von Maßgrößen, die als *primäre Wachstumsparameter* zu bezeichnen sind und das Wachstum des realen Sozialprodukts der gesamten Volkswirtschaft oder davon abgeleiteter verwandter Größen messen.

Sozialprodukt zu konstanten Preisen
Wachstumsrate des Sozialprodukts (brutto, netto)
Sozialprodukt pro Erwerbstätigen
Sozialprodukt pro beschäftigten Arbeitnehmer

Geleistete Arbeitsstunden insgesamt (Arbeiterstunden)
Sozialprodukt pro Arbeitsstunde (Arbeiterstunde)
Sozialprodukt pro Landeinheit (Quadratkilometer)

Volkseinkommen zu konstanten Preisen
Wachstumsrate des Volkseinkommens
Strukturelle Verlagerung der Wertschöpfungsstruktur (Strukturkoeffizient der Wertschöpfung)
Pro-Kopf-Einkommen der Gesamtbevölkerung
Pro-Kopf-Einkommen der Erwerbstätigen
Pro-Kopf-Einkommen der beschäftigten Arbeitnehmer
Strukturelle Umschichtung der Erwerbstätigen von Wirtschaftszweigen mit niedriger Wertschöpfung zu solchen mit hoher Wertschöpfung pro Beschäftigten (Strukturkoeffizient des Arbeitsfaktors)

Realkapital total zu konstanten Preisen (inklusive Auslandinvestitionen)
Wachstumsrate des Realkapitals (brutto, netto)
Realkapital pro Erwerbstätigen oder pro Arbeitsstunde (Kapitalintensität)
Realkapital pro Landeinheit (Quadratkilometer)
Anzahl der Neugründungen von Unternehmungen und deren Kapitalgröße
Kapitalerhöhungen der alten Unternehmungen per Saldo der Konkurse und Liquidationen
Strukturelle Verlagerung des Realkapitals innerhalb der Wirtschaftsbereiche (Strukturkoeffizient des Realkapitals)

Energieverbrauch total (Kilowattstunde, Kilogrammkalorie, Steinkohleneinheiten)
Energieverbrauch pro eingesetzte Kapitaleinheit
Energieverbrauch pro Kopf der Gesamtbevölkerung
Energieverbrauch pro Kopf der Erwerbstätigen
Energieverbrauch pro Produktionsarbeiterstunde[19]
Energieverbrauch pro *output*-Einheit

Erzeugung bestimmter industrieller Basisprodukte nach Menge und Preis
Z. B. Eisen und Stahl, Zement, Kohle, Erdöl

Erzeugung bestimmter Kapitalgüter und deren Einsatz
Z. B. landwirtschaftliche Traktoren in Beziehung zu den in der Landwirtschaft Beschäftigten oder zu der Anzahl von Hektaren Anbaufläche; Lokomotiven für die Eisenbahn und die gefahrenen Zuglasten in Tonnen pro Kilometer; Produktion und Transportleistungen anderer Verkehrsträger, wie Autobusse, Lastwagen, Schiffe, Flugzeuge

Erzeugung dauerhafter Konsumgüter
Total- und Pro-Kopf-Quoten für Wohnungen (Quadratmeter), Autos, Kühlschränke, Waschmaschinen, Radios, Fernsehapparate, Anzahl der Telefonanschlüsse

---

[19] Auf diese Weise ist in die Beziehungszahl auch die Änderung des Beschäftigungsgrades einbezogen. Allerdings spielt hier das rasche Anwachsen der Zahl der nicht direkt in der Produktion am Produkt Beschäftigten — *white collar workers* — gegenüber der Zahl der eigentlichen Produktionsarbeiter eine Rolle.

Produktivität der Arbeit und
Änderungen des Arbeitspotentials
Anzahl der Arbeitslosen
Lohnkosten pro *output*-Einheit

Produktivität des Kapitals bzw. Kapitalkoeffizient
Änderungen der Investitionsquote (brutto, netto)
Realkapital pro *output*-Einheit

Totalproduktivität
Kosten pro *output*-Einheit

Lern- und Forschungskosten total, die vom Staat und von Privaten aufgebracht werden
Wachstumsrate der Lern- und Forschungskosten
Lern- und Forschungskosten in Beziehung zum Sozialprodukt
Lern- und Forschungskosten pro Kopf

Anzahl der in der Grundlagen-Forschung eingesetzten Wissenschafter
Ausgaben für Grundlagen-Forschung

Anzahl der in den angewandten Wissenschaften (für Forschung und Entwicklung) eingesetzten Wissenschafter und Hilfspersonen
Ausgaben für Verfahrensforschung

Zahl der Patenterteilungen
Zahl der Patentanmeldungen

Ausgaben für Meß- und Kontrollinstrumente insgesamt
Ausgaben für Mess- und Kontrollinstrumente pro beschäftigten Arbeitnehmer (Automationsindex!)

Die Wirtschaftsstatistik stellt also eine große Zahl von Bezugsgrößen zur Verfügung, die in irgendeinem Zusammenhang mit dem technischen Fortschritt stehen. Allerdings macht sich gesamthaft gesehen das Fehlen gesicherter längerer Zeitreihen über 50 Jahre und mehr hinweg unliebsam bemerkbar. Auszuschalten ist bei den in Geld ausgedrückten Maßzahlen (Verhältniszahlen) der Einfluß der Preise, um als Ergebnis die Realreihen unbeeinflußt von Kaufkraftänderungen zu erhalten. Des weiteren ist auf die unterschiedliche Ausnutzung der Kapazitäten hinzuweisen, was sich wiederum auf den Verlauf der Realreihen auswirkt.

Schon an dieser Stelle ist auf den Haupteinwand bei der Messung solcher globalen volkswirtschaftlichen Größen hinzuweisen, nämlich daß solche summarische *ex post*-Maßstäbe alle Gefahren der *fallacies of summation* in sich bergen. Um jedoch überhaupt einen Begriff von der Größenordnung bestimmter Variabler zu bekommen und auch die Veränderungen der zu erfassenden Größen im Zeitablauf zu verfolgen, hat das genannte Vorgehen bei Berücksichtigung der Mängel der einzelnen statistischen Erhebungsmethoden und der ermittelten Summen- oder Durchschnittsergebnisse seine Berechtigung. Wichtig ist aber, daß nur solche Zahlen gegenübergestellt und verglichen werden, die auf dieselbe Art und Weise ermittelt wurden.

Die Indizes des Sozialprodukts bzw. des Nationalprodukts unter Einbezug der außenwirtschaftlichen Beziehungen werden durch die statistischen Ämter der einzelnen Staaten und die statistischen Abteilungen der internationalen Organisationen, wie die OECD und die UN, fortlaufend erfaßt und berechnet. Trotz der bis heute schon erzielten Verbesserungen der volkswirtschaftlichen Gesamtrechnungen ist doch der Hinweis nötig, daß es sich immer noch um Schätzungsrechnungen handelt, da die Erfassung von Leistungen bestimmter Wirtschaftszweige wie speziell des tertiären Sektors der Dienstleistungen überaus große Schwierigkeiten bereitet.

Die folgende Tabelle 1 zeigt die Entwicklung des Nationaleinkommens der drei neutralen Staaten Österreich, Schweden und Schweiz, der drei EWG-Staaten Frankreich, Italien und die Bundesrepublik Deutschland sowie des Vereinigten Königreiches von Großbritannien und der Vereinigten Staaten von Amerika. Rechnen wir die in der 1. Tabelle enthaltenen Werte der Nationaleinkommen zu jeweiligen Preisen entsprechend den in Tab. 1 a ermittelten Entwertungsraten um, so erhalten wir die durch den Kaufkraftschwund bereinigten Zahlen der Tab. 2.

Die anschließende Tabelle 3 zeigt die Entwicklung der Pro-Kopf-Quoten des Nationalprodukts zu konstanten Preisen für die erwähnten drei Staatengruppen. Dabei läßt sich die erstaunliche Tatsache feststellen, daß von den Neutralen Österreich das rascheste Wachstum pro Kopf zu verzeichnen hat. Allerdings ist der Einwand berechtigt, daß die Zuwachsrate der Bevölkerung in Österreich verhältnismäßig niedriger ist. Von den genannten drei EWG-Staaten weist die Bundesrepublik Deutschland den größten Zuwachs auf. Zwar hat sich der Zuwachs gegen Ende der Berichtsperiode empfindlich verlangsamt. Gegenüber dem relativ raschen Wachstum der EWG-Staatengruppe verändert sich die Pro-Kopf-Quote des Vereinigten Königreiches von Großbritannien nur langsam nach oben. Ein sehr wechselvolles Bild zeigen die Zahlen für die Vereinigten Staaten von Amerika an. Dabei wirken sich neben den außenwirtschaftlichen Einflüssen, wie die Zahlungsbilanzsituation, sehr stark die binnenwirtschaftlichen, wie Stahlarbeiterstreik, Absatzkrise in der Automobilindustrie und gesamtwirtschaftliche Rezession, aus.

Eine eingehende und gründliche Untersuchung liefert uns das *Bureau of Labor Statistics* der Vereinigten Staaten. Nachstehende Tabelle 4 gibt die Verhältnisse und Beziehungen zwischen der erwerbsfähigen Bevölkerung, der Zahl der Beschäftigten, durchschnittliche wöchentliche Arbeitszeit, geleistete jährliche Arbeitsstunden pro Kopf und insgesamt, das Brutto-Nationalprodukt zu konstanten Preisen, das Realprodukt pro Arbeitsstunde und die geleisteten Arbeitsstunden pro Dollar des Realprodukts in der Privatwirtschaft der Vereinigten Staaten von 1947—1958 wieder. Als Resultat läßt sich feststellen, daß bei einem Anstieg der Zahl der Gesamtbeschäftigten von rund 58 auf 64 Millionen, bei Rückgang der durchschnittlichen wöchentlichen Arbeitszeit auf 39 Stunden, die Summe der Gesamtarbeitsstunden pro Jahr für die gesamte amerikanische Volkswirtschaft nach 1947 anfänglich gestiegen, aber gegen den Schluß des Zeitraumes sogar unter den Ausgangspunkt auf 115 Milliar-

Tabelle 1. Nationaleinkommen in jeweiligen Preisen

Land	Währungseinheiten	1950	1951	1952	1953	1954	1955	1956	1957	1958
Österreich	1000 Mio. Schilling	41,8	56,2	63,8	63,2	71,1	81,1	89,6	98,5	101,9
Schweden[1]	Mio. Kronen	26 728	32 814	36 113	36 492	38 719	41 548	44 883	48 612	50 169
Schweiz	Mio. Franken	17 560	19 190	20 320	21 190	22 600	24 130	25 800	27 400	28 590
Frankreich	1000 Mio. Franken	7 520	9 070	10 700	11 190	11 850	12 970	14 230	15 840	17 910
Italien	1000 Mio. Lire	6 894	7 914	8 368	9 362	9 881	10 789	11 469	12 319	13 126
BRP Deutschland	1000 Mio. DM	74,5	91,2	101,4	108,9	117,0	134,3	147,9	160,3	168,9
Vereinigtes Königreich	Mio. Pfund	10 688	11 693	12 689	13 558	14 521	15 346	16 566	17 578	18 145
USA	1000 Mio. Dollars	241,9	279,3	292,2	305,6	301,8	330,2	350,8	366,5	366,2

[1] Brutto-Nationalprodukt zu Faktorkosten, die Abschreibungen sind in diesen Zahlen enthalten.

Quelle: Statistical Yearbook 1959. United Nations, New York: 1959, S. 477 f.

Zum besseren Vergleich rechnen wir die in Tab. 1 genannten Zahlen mit den durchschnittlichen Entwertungszahlen der Kaufkraft der betreffenden Währungen von 1950—1960, wie sie durch die New-Yorker *First National Bank* errechnet wurden, um[1].

Tabelle 1a

Land	Index des Währungswertes		Durchschnittliche jährliche Entwertungsrate %
	im Jahr 1950	im Jahr 1960	
Österreich	100	60	5,0
Schweden	100	64	4,4
Schweiz	100	87	1,4
Frankreich	100	57	5,4
Italien	100	75	2,9
Bundesrepublik Deutschland	100	82	2,1
Vereinigtes Königreich	100	67	3,9
USA	100	81	2,1

Die Basis bilden somit die konstanten Preise bzw. die konstante Kaufkraft der betreffenden Währungseinheiten im Jahre 1950.

[1] Bankbericht der "First National Bank of New York", Juli 1961.

Tabelle 2. Nationaleinkommen korrigiert durch Kaufkraftschwund

Land	Währungseinheiten mit konstanter Kaufkraft[1]	1950	1951	1952	1953	1954	1955	1956	1957	1958
Österreich	1000 Mio. Schilling	41,8	53,5	57,9	54,6	58,5	63,5	66,9	70,0	69,0
Schweden	Mio. Kronen	26 728	31 401	33 070	31 978	32 468	33 340	34 466	35 722	35 278
Schweiz	Mio. Franken	17 560	18 906	19 724	20 265	21 293	22 399	23 595	24 688	25 380
Frankreich	1000 Mio. Franken	7 520	8 597	9 613	9 530	9 566	9 924	10 320	10 889	11 670
Italien	1000 Mio. Lire	6 894	7 683	7 888	8 568	8 779	9 307	9 605	10 016	10 362
BRP Deutschland	1000 Mio. DM	74,5	89,4	97,5	102,6	108,1	121,6	131,6	139,6	144,2
Vereinigtes Königreich	Mio. Pfund	10 688	11 243	11 732	12 053	12 413	12 613	13 092	13 358	13 258
USA	1000 Mio. Dollars	241,9	273,8	280,8	287,9	278,8	299,0	311,5	319,0	306,4

[1] Basisjahr 1950.

Tabelle 3. Index-Zahlen des Nationalprodukts pro Kopf zu konstanten Preisen[1] (1953 = 100)

Land	1950	1951	1952	1953	1954	1955	1956	1957	1958
Österreich	89	97	98	100	110	122	129	136	140
Schweden	97	95	97	100	106	109	112	115	115
Schweiz[2]	92	95	96	100	105	110	114	117	119
Frankreich	91	96	97	100	104	109	114	120	121
Italien	86	91	93	100	104	111	115	122	126
Bundesrepublik Deutschland	80	88	94	100	106	118	124	129	131
Vereinigtes Königreich	95	97	96	100	105	107	109	110	109
USA	91	96	97	100	97	103	103	103	99

[1] Die Indexzahlen beziehen sich in der Regel auf Brutto-Nationalprodukt zu Marktpreisen.
[2] Netto-Nationalprodukt zu Marktpreisen.

Quelle: Statistical Yearbook 1959. United Nations, New York: 1959, S. 449.

Tabelle 4. Arbeitskräfte, Beschäftigung, geleistete Arbeitsstunden, pro Dollar des

Position	1947	1948	1949	1950
1. Erwerbsbevölkerung total (in Tausend)	61,992	63,165	64,022	65,083
2. Militär	1,590	1,456	1,616	1,650
3. Zivilpersonen	60,402	61,709	62,406	63,433
4. Arbeitslose	2,356	2,325	3,682	3,351
5. Beschäftigte	58,046	59,384	58,724	60,082
6. Staatsangestellte (zivil)	4,963	5,129	5,316	5,471
7. Total Privatwirtschaft	53,083	54,255	53,408	54,611
8. Landwirtschaft	8,490	8,227	8,318	7,831
9. nicht landwirtschaftliche Wirtschaftszweige	44,594	46,027	45,090	46,780
Durchschnittlich wöchentliche Arbeitszeit:				
10. Total Privatwirtschaft	42,3	41,9	41,4	41,0
11. Landwirtschaft	48,9	48,6	48,2	47,3
12. nicht landwirtschaftliche Wirtschaftszweige	41,0	40,7	40,2	40,0
Jährliche Arbeitsstunden pro Beschäftigten (in Tausend):				
13. Total Privatwirtschaft	2,199	2,176	2,154	2,134
14. Landwirtschaft	2,545	2,525	2,505	2,457
15. nicht landwirtschaftliche Wirtschaftszweige	2,133	2,114	2,090	2,080
Arbeitsstunden (Milliarden jährl.):				
16. Total Privatwirtschaft	116,7	118,1	115,1	116,5
17. Landwirtschaft	21,6	20,8	20,8	19,2
18. nicht landwirtschaftliche Wirtschaftszweige	95,1	97,3	94,2	97,3
Brutto-Nationalprodukt (Milliarden von 1954 Dollars):				
19. Total Privatwirtschaft	259,6	270,3	268,7	293,3
20. Landwirtschaft	16,9	19,3	18,3	19,3
21. nicht landwirtschaftliche Wirtschaftszweige	242,7	251,0	250,4	274,0
Realprodukt pro Arbeitsstunde:				
22. Total Privatwirtschaft	2,22	2,29	2,34	2,52
23. Landwirtschaft	0,78	0,93	0,88	1,00
24. nicht landwirtschaftliche Wirtschaftszweige	2,55	2,58	2,66	2,82
Arbeitsstunden pro Dollar des Realprodukts:				
25. Total Privatwirtschaft	0,45	0,44	0,43	0,40
26. Landwirtschaft	1,28	1,08	1,14	1,00
27. nicht landwirtschaftliche Wirtschaftszweige	0,39	0,39	0,38	0,36

Quelle: U. S. Department of Labor, Bureau of Labor Statistics: Trends in 1959, Bulletin Nr. 1249,

Realprodukt pro Arbeitsstunde und geleistete Arbeitsstunden Realprodukts, 1947 – 1958

1951	1952	1953	1954	1955	1956	1957	1958
66,316	66,894	67,362	67,818	68,896	70,387	70,744	71,284
3,098	3,594	3,547	3,350	3,048	2,857	2,797	2,637
63,218	63,300	63,815	64,468	65,874	67,530	67,946	68,647
2,099	1,932	1,870	3,578	2,904	2,822	2,936	4,681
61,118	61,369	61,945	60,890	62,944	64,708	65,011	63,966
5,847	6,042	6,092	6,181	6,420	6,712	6,932	7,175
55,271	55,327	55,853	54,709	56,524	57,996	58,079	56,791
7,382	7,126	6,555	6,495	6,718	6,572	6,222	5,844
47,889	48,201	49,298	48,214	49,805	51,424	51,857	50,947
41,2	41,1	40,9	40,1	40,4	40,0	39,5	39,0
47,9	47,3	48,0	47,1	46,4	45,4	44,2	43,7
40,2	40,1	40,0	39,2	39,6	39,3	38,9	38,4
2,142	2,135	2,128	2,086	2,099	2,081	2,052	2,026
2,489	2,463	2,494	2,447	2,412	2,362	2,297	2,270
1,089	2,087	2,079	2,038	2,057	2,046	2,022	1,998
118,4	118,1	118,8	114,1	118,6	120,7	119,2	115,0
18,4	17,6	16,4	15,9	16,2	15,5	14,3	13,3
100,0	100,6	102,5	98,2	102,4	105,2	104,9	101,8
311,1	320,4	336,2	330,8	360,4	368,2	375,1	365,5
18,1	18,8	19,5	20,3	21,4	20,9	20,6	21,7
293,0	301,6	316,7	310,5	339,0	347,3	354,5	343,8
2,63	2,71	2,83	2,90	3,04	3,05	3,15	3,18
0,99	1,07	1,19	1,28	1,32	1,35	1,44	1,64
2,93	3,00	3,09	3,16	3,31	3,30	3,38	3,38
0,38	0,37	0,35	0,35	0,33	0,33	0,32	0,31
1,02	0,93	0,84	0,78	0,76	0,74	0,69	0,61
0,34	0,33	0,32	0,32	0,30	0,30	0,30	0,30

Output per Man-Hour in the Private Economy, 1909–1958. Washington D. C.: S. A-22, Tafel 4-2.

den geleistete Arbeitsstunden gefallen ist. Trotzdem wurde eine Steigerung des Brutto-Nationalprodukts der Privatwirtschaft von 259,6 auf 365,6 Milliarden Dollar, zu konstanten Preisen gerechnet, erreicht.

Demgemäß stieg auch das Realprodukt pro Arbeitsstunde in der Privatwirtschaft von 2,2 auf 3,2 Dollar und sank entsprechend die aufgewandte Arbeitszeit von 0,45 auf 0,35 Stunden pro Dollar des Realprodukts.

Der „*output* pro Arbeitsstunde", verstanden als Wert in Währungseinheiten, mit konstanter Kaufkraft gerechnet, bezogen auf die geleisteten Arbeitsstunden aller beschäftigten Personen (inbegriffen die mitarbeitenden Eigentümer-Unternehmer und unbezahlten Familienmitglieder), *ist eines der zentralen Wachstumsmaße.* Die wichtigsten Wachstumserscheinungen, wie Beschäftigtenzahl, Arbeitslose, durchschnittliche Arbeitszeit (d. h. Nutzung der menschlichen Arbeitskraft), Arbeits- und Kapitalkosten in indirekter Form, die *economies* und *diseconomies of scale,* der Lebensstandard und das Verteilungsproblem spiegeln sich in dieser Indexzahl wider. Die verkauften Dienstleistungen des Staates sowie die Leistungen der öffentlichen Verkehrsbetriebe, staatlicher Elektrizitätswerke und des Post-, Telephon- und Telegraphenwesens können erfaßt werden und sind in Tabelle 4 mitberücksichtigt. Dagegen gibt es vorläufig noch keine exakte Messungsmethode für alle anderen öffentlichen Dienstleistungen, die durch den Staat produziert werden.

Ein Argument gegen die vorherige Aufstellung ist bedeutsam: Im Zeitverlauf ändern sich die verschiedenen Sektoren der Volkswirtschaft in bezug auf das Gesamtprodukt: a) Änderung des relativen Anteils am Realprodukt und b) unterschiedliche Änderung des Zeitaufwandes pro Produkteinheit. Diesem Einwand wurde teilweise dadurch Rechnung getragen, daß die Gesamtwirtschaft in landwirtschaftliche und nichtlandwirtschaftliche Sektoren aufgespalten wurde. Der Rückgang der Beschäftigtenzahl in der Landwirtschaft und der raschere Rückgang der durchschnittlichen wöchentlichen Arbeitszeit, die aber noch im Jahre 1958 5,3 Stunden über dem Durchschnitt der nichtlandwirtschaftlichen Branchen liegt, spielen eine besondere Rolle. Zudem liegt das Realprodukt pro Arbeitsstunde in der Landwirtschaft noch weit unter dem Durchschnitt der übrigen Wirtschaftszweige. Zwar ist in dieser Beziehung eine eindeutige Verbesserung der Position der Landwirtschaft zu verzeichnen. War das Verhältnis des *output* pro Arbeitsstunde von landwirtschaftlichen zu nichtlandwirtschaftlichen Bereichen im Jahre 1947 0,78 : 2,55 (Dollar), so änderte es sich bis 1958 auf 1,64 : 3,38 (Dollar). Entscheidend für die große relative Steigerung der Ausbringung der beschäftigten Farmer und Hilfskräfte ist der vermehrte Einsatz von Kapital und der technische Fortschritt. Darin liegt gerade das zu lösende Problem verborgen: Wie können wir diese beiden Einflußfaktoren erfassen und aufspalten? Darauf wird im III. Kapitel speziell zurückzukommen sein.

Ein weiterer Einwand ist gegeben, daß auch im nichtlandwirtschaftlichen Sektor sehr heterogene Bereiche, wie Bergbau und Großindustrien, die verarbeitende Industrie oder *die* Industrie schlechthin, das Baugewerbe, die *public utilities* sowie Handel und Dienstleistungsgewerbe, vereinigt sind. Also auch hier ist aus Gründen der strukturellen Änderungen eine Disaggregation am Platze. Tatfrage bleibt: Inwieweit haben die statistischen Ämter der einzelnen Staaten die nötige Vorarbeit geleistet? — Ferner geben die Daten keine Auskunft über Änderungen der Qualität der produzierten Güter und Dienstleistungen. Alle Beziehungszahlen des Nationalprodukts und des realen Volkseinkommens stellen einen *interpersonellen Nutzenvergleich* dar und berücksichtigen nicht die Änderungen der Güterkollektion im Lauf der Zeit. Je nach Wahl des spezifischen Basisjahres für die Gewichtung und der Wahl des letzten einbezogenen Jahres wird der Verlauf und die Richtung des Trends beeinflußt. Der ermittelte Trend für die gesamte Volkswirtschaft ist wiederum nur eine Durchschnittsgröße. Die repräsentativen Trends der Teilbereiche dagegen können davon sehr abweichen (Strukturproblem). Weiter kann sich der *output* pro Arbeitsstunde von Jahr zu Jahr ziemlich unregelmäßig ändern und ist daher nicht zwingend in irgendeinem Jahr oder einer Reihe von Jahren *die* Maßzahl für den langfristigen Trend. Von Bedeutung ist in diesem Zusammenhang die unterschiedliche Auslastung der Kapazitäten sowohl in den einzelnen Sektoren als auch in der gesamten Volkswirtschaft. Daher spielt, neben der Wahl der Basisdaten, die Länge und der historische, institutionelle Charakter einer gewählten Zeitperiode eine große Rolle. Am Schluß dieser Auseinandersetzung kommen wir wie die Autoren des *Bureau of Labor Statistics* mit den erwähnten Einschränkungen zum selben Resultat. Nämlich, daß wir die Zahlen des „*output* pro Arbeitsstunde" (die Arbeitsproduktivität) als „allgemeine Indikatoren der Produktivitätsänderungen" ansehen können[20].

Die Tabelle 5 gibt Auskunft über die durchschnittlichen geometrischen Wachstumsraten pro Jahr des Brutto-Inlandsprodukts. Auffallend sind nicht nur die Größenunterschiede des Wachstums der Totalgrößen der einzelnen Staaten, sondern auch die Unterschiede bei den disaggregierten Größen. — Im Anhang 1 (Teil II) sind weitere Maßzahlen, wie die Zahl der eingereichten Patentgesuche (Patentanmeldungen) und die Zahl der erteilten Erfindungspatente, aufgeführt.

Diese summarische Aufzählung der verschiedensten Maßgrößen führt zur Frage nach den Triebkräften des technischen Fortschritts einerseits

---

[20] Trends in Output per Man-Hour in the Private Economy 1909—1958. A. a. O., S. 3. — So gesehen, ist die Untersuchung der langfristigen Veränderungen des *output* pro Kopf neben der Zunahme der Beschäftigtenzahl und des Kapitalwachstums für die allgemeine Wachstumsanalyse überaus bedeutsam.

Ferner S. Kuznets: Income and Wealth of the United States, Trends and Structure. Income and Wealth Series II. Cambridge: 1952.

Ausdrücklich nennen die Autoren des Statistischen Bundesamtes der Bundesrepublik Deutschland den Grund, warum das Ausbringungsprodukt nur mit dem *einen* Produktionsfaktor, der Arbeit, und nicht mit *allen* Produktionsfaktoren in Beziehung gebracht wird. Dieser Grund liegt einfach darin, „daß das hiefür erforderliche statistische Material fehlt, während für den Faktor Arbeit wenigstens grobe Maßstäbe vorhanden sind. G. Fürst, K.-H. Raabe und H. Sperling: Das Produktionsergebnis je Beschäftigten in den großen Bereichen der Volkswirtschaft 1950—1957. WSt. *10* (1958), N. F., Heft 1, S. 147.

Tabelle 5. Durchschnittliche jährliche Wachstumsraten des Brutto-Inlandsprodukts 1950—1959 (in Prozent)

Land	Brutto-Inlandsprodukt[1]		Ausgaben für Brutto-Inlandsprodukt[1]			Beitrag zum Brutto-Inlandsprodukt[2]		
	Total	pro Kopf	Privater Verbrauch	Staatsausgaben konsumtiv	Realkapitalbildung[3]	Land- und Forstwirtschaft[4]	Bergbau und Industrie[5]	Diverse (tertiärer Sektor)
Österreich	5,7	5,5	4,8	4,3	6,9	2,7	6,5	6,0
Schweden	3,3	2,6	2,6	4,9	5,3	—	—	—
Schweiz	4,3	3,0	4,3	4,3	5,5	—	—	—
Frankreich	4,0	3,1	4,0	3,6	4,9	—	—	—
Italien	5,7	5,1	4,3	7,0	8,2	3,5	9,1	3,9
Bundesrepublik Deutschland	7,5	6,3	7,3	5,6	9,8	2,6	9,2	6,3
Vereinigtes Königreich	2,4	2,0	2,2	2,0	4,5	2,1	2,7	1,8
USA	3,3	1,6	3,2	6,7	2,1	—	—	—

[1] Brutto-Inlandsprodukt zu konstanten Marktpreisen.
[2] Brutto-Inlandsprodukt zu konstanten Faktorkosten.
[3] Inländische Brutto-Realkapitalbildung zu konstanten Marktpreisen.
[4] Einschließlich Jagd und Fischerei.
[5] Einschließlich Steinbrüche, Baugewerbe, Elektrizität, Gas, Wasser und Gesundheitswesen.

Quelle: Yearbook of National Accounts Statistics 1960. United Nations, New York: 1961, S. 265–269.

und nach den Wirkungen des technischen Fortschritts anderseits. *Die meisten der genannten Maßzahlen sind Hilfsmittel zur Messung der Wirkungen, aber nicht der Triebkräfte des technischen Fortschritts. — Lassen sich nun diese Triebkräfte,* die die gewaltige Ausdehnung des technischen Wissens und dessen Anwendung vor allem während der letzten zwei Jahrhunderte verursacht haben, *auf rein ökonomischer Ebene feststellen und quantifizieren?* — Die tieferen Ursachen des technischen Fortschritts werden von den Historikern, Soziologen und Kulturkritikern häufig genug und mit großer Gründlichkeit beschrieben. Für den Ökonomen bleibt der Versuch einer Erklärung der Steigerung des technischen Wissens übrig. Da der „systematisch" angestrebte Fortschritt gegenüber den „spontanen Fortschritten" heute weit überwiegt, läßt sich jener mikro-ökonomisch sinnvoll quantifizieren. Die Kosten für staatliche und private Forschungsinstitute, die Kosten für die Entwicklungsabteilungen der Unternehmungen können innerhalb der Wirtschaftsrechnungen der betreffenden Institutionen erfaßt werden. Niehans geht noch einen Schritt weiter; er sieht einen *losen* Zusammenhang zwischen den „Lern- oder Fortschrittskosten" einer gesamten Volkswirtschaft und der Beschleunigungsrate des technischen Fortschritts[21].

Entscheidend ist dabei aber die *Verknüpfung der Ursachen des technischen Fortschritts, der Lern- und Forschungskosten mit ihren Wirkungen, den neuen realen Fortschritts-Investitionen und der Totalproduktivität.* Jene Größe der Lern- und Forschungskosten ist jedoch keine „hinreichende Bedingung" für die Größe der Investitionen. Zwischen der Ausdehnung des technischen Wissens und dem (angewandten) technischen Fortschritt treten außerdem unterschiedliche zeitliche Verzögerungen auf. Im Hinblick auf internationale Vergleiche zwischen den Lern- und Forschungskosten verschiedener Volkswirtschaften stellt sich heraus, daß nicht nur die Größe dieser Kosten, sondern schon der im Zeitraum der Basisperiode erreichte Stand des technischen Wissens und der angewandten Produktionstechnik maßgebend ist. Zwar liegt die Vermutung nahe, daß *ein Land mit sehr hohem Stand der Produktionstechnik höhere Summen an Lern- und Forschungskosten pro Kopf aufwenden kann und wahrscheinlich auch aufwenden wird* als ein anderes Land, dessen Technik weniger entwickelt ist. Jedoch ist es möglich, und historische Beispiele beweisen es, daß ein im technischen Wissen zurückliegendes Land große Anstrengungen unternimmt und keine finanziellen Opfer scheut, um zu den führenden Nationen aufzuschließen. Waren es vor dem Jahre 1900 Frankreich und Deutschland, die zum führenden Großbritannien auf-

---

[21] J. Niehans: Das ökonomische Problem des technischen Fortschritts. SchwZfVSt. *90* (1954), S. 154.

Vgl. dazu R. W. Maclaurin: Innovation and Capital Formation in some American Industries. In: Capital Formation and Economic Growth. Princeton: 1955. Er schreibt dort: "The process of invention *can* be fruitfully studied from the standpoint of a continuous flow of ideas. Yet it is equally valid to think of the process in terms of discontinuity." — Ferner der berühmte Artikel desselben Autors: The Sequence from Invention to Innovation and its Relation to Economic Growth. QJE *67* (1953), S. 97—111.

schließen wollten, so sind es heute die Russen, welche um jeden Preis auf den verschiedensten Zweigen des *Sach-Wissens* und *Könnens* die USA überholen wollen. Der Schluß liegt daher nahe, vorerst auf eine Quantifizierung der Triebkräfte des technischen Fortschritts, d. h. der Lern- und Forschungskosten speziell, zu verzichten[22].

Trotzdem ist für die volkswirtschaftliche Analyse von Interesse, Zahlen über die Größenordnung der Lern- und Forschungskosten oder des *immateriellen Kapitals,* des Bildungskapitals, wie diese Größe auch bezeichnet wird, zu erhalten. Speziell interessant ist dann das Verfolgen der Größenveränderung der ermittelten Gesamtzahlen als ein erster und allgemeiner Maßstab über Entwicklung und Diffusion des technischen Wissens in einer Volkswirtschaft[23].

Aus den Statistiken läßt sich heute ermitteln, daß in den meisten Ländern die Ausgaben für Erziehung und Forschung rasch ansteigen, in der Regel sogar rascher als die Steigerung des Sozialprodukts. Ebenfalls steigt auch die Zahl der in diesem Produktionsbereich Beschäftigten langfristig rascher an als die Zahl der Total-Beschäftigten. Welches sind nun die theoretischen Erklärungsgründe für diese Beobachtungen?

1. Durch die Lern- und Forschungskosten, die Investitionen in Bildungskapital (I_{tf}) wird in der Zukunft sowohl auf privater als auch besonders auf volkswirtschaftlicher Ebene eine bedeutsame Steigerung der Erträge erwartet.

2. Ein Teil dieser Ausgaben dient als „Reproduktionsprozeß" des Bildungskapitals zur Aufrechterhaltung des bestehenden „Kapitalstocks" an Wissen und Können bei gleichbleibender Bevölkerungsgröße und gleicher Qualität der Ausbildung für die kommende junge Generation.

3. Dazuhin müssen diese Kosten steigen, wenn a) die Bevölkerung wächst, um trotzdem gesamthaft denselben Bildungsstand beizuhalten, und b) der Umfang des technischen Wissens vergrößert werden soll.

4. Die „Produktivität" dieser speziellen Kosten, die sich durch ein erhöhtes Grenzprodukt der Arbeit, eine erhöhte Grenzleistungsfähigkeit der „Realkapital-Investitionen" und damit auch im Wachstum des Sozial-

---

[22] Krieghoff kommt zu einer ähnlichen Schlußfolgerung, wenn er schreibt, „daß der technische Fortschritt im Sinne eines Fortschritts des technischen Wissens grundsätzlich nicht meßbar ist", da keine *eindeutige, zwangsläufige Beziehung* im Zeitablauf zwischen dem Fortschritt im technischen Wissen (der Vergrößerung des technischen Horizonts) und dem in der Volkswirtschaft angewandten technischen Fortschritt nachzuweisen sei. Daher bleibt für uns der Fortschritt im technischen Wissen ein Datum. — Derselbe, a. a. O., S. 26.

F. Below ist derselben Ansicht, wenn er schreibt: „Quantitativ ist der Fortschritt nicht unmittelbar, sondern nur an den Auswirkungen zu messen." F. Below: Zur statistischen Messung des technischen Fortschritts in der industriellen Produktion. SchmJb. *70* (1950), S. 75.

[23] E. Kueng vertritt ebenfalls die Auffassung, daß diese spezifische Kapitalgröße für das Wirtschaftswachstum von großer Wichtigkeit sei. — Derselbe: Die Bedeutung des *immateriellen Kapitals* für das Wirtschaftswachstum. Vortrag, gehalten in Freiburg i. Ü. am 26. 6. 1961.

produkts ausdrückt, läßt die Annahme rechtfertigen, daß wir diese Ausgaben nicht als laufende Gemeinkosten irgendwelcher Art, sondern als *Investitionen sui generis* behandeln. Außerdem muß die Durchführung dieser Investitionen in Bildungskapital und in den technischen Fortschritt früher oder später mit einem Sparakt verbunden sein.

5. Die Beziehungen zwischen den Lern- und Forschungskosten oder technischen Fortschrittsinvestitionen (I_{tf}) und dem Gesamt-*output* oder besser gesagt Sozialprodukt (P) sind höchstwahrscheinlich wechselseitig, d. h. es besteht eine Interdependenz zwischen den beiden Größen.

$$I_{tf} \rightleftarrows P.$$

Das besagt mit anderen Worten ausgedrückt: Eine Erhöhung der Lern- und Forschungskosten bewirkt *ceteris paribus* wahrscheinlich eine Erhöhung des Sozialprodukts und damit auch des Volkseinkommens. Eine Erhöhung der letztgenannten beiden Größen läßt vermuten, daß wiederum dadurch eine Steigerung der Lern- und Forschungskosten angeregt wird, so daß *eine Tendenz zum langfristigen Anstieg des technischen Fortschrittskoeffizienten* I_{tf}/P *besteht.* Das heißt aber beileibe nicht, daß der *marginale* Fortschrittskoeffizient dI_{tf}/dP gleich dem durchschnittlichen oder sogar gleich Eins ist! Es sind ohne weiteres Fälle denkbar, wo der marginale Fortschrittskoeffizient kurzfristig fast unendlich wird, d. h. sein reziproker Wert, *die marginale Fortschrittsproduktivität, ist gleich Null.*

Unterteilen wir die Gesamtgröße der Lern- und Forschungskosten I_{tf} in Investitionen zur Diffusion des bekannten technischen Wissens I_{tw} und in die eigentlichen Forschungsinvestitionen I_f, so gilt folgende Beziehung[24]:

$$I_{tf} = I_{tw} + I_f.$$

Da der Umfang des technischen Wissens immer mehr zunimmt und die Bevölkerungszahl ebenfalls steigt, wird die Größe I_{tw} — die Kosten, die in den Menschen investiert werden, um seine Arbeitseffizienz zu erhöhen — beträchtlich zunehmen müssen. Überdies läßt sich nachweisen, daß auch die Forschungsinvestitionen I_f mehr und mehr steigen. Einmal werden mehr Köpfe in der Grundlagen- und der Verfahrensforschung eingesetzt und zum andern werden die Forschungsvorhaben in dem Sinne kapitalintensiver, daß im allgemeinen mehr Realkapital eingesetzt werden muß, um die einzelnen Vorhaben durchführen zu können.

Es besteht daher eine *eindeutige Tendenz zur Steigerung der technischen Fortschrittskosten.* Für diese spezifischen Investitionskosten ist zu-

---

[24] Vgl. R. Eppler: Technischer Fortschritt als Wachstumsfaktor. Unveröffentlichtes Manuskript, Freiburg i. Ü.: 1962, S. 14.

F. Machlup: The Production and Distribution of Knowledge in the United States. Princeton: 1962, weist ebenfalls auf die doppelte Bedeutung des „Wissens" hin: einmal als Verbreitung des *bekannten* Wissens (als Information) und zum andern als *neues* Wissen, durch Intuition, Erfindung und Entdeckung entstanden. (Vgl. Machlups Werk, S. 13 f.)

nächst der Kapazitätseffekt zu vernachlässigen; umso wirksamer auf das *short run*-Wachstum ist aber der multiplikative Einkommenseffekt — die kombinierte Multiplikator- und Akzeleratorwirkung — zusätzlicher I_{tf}-Ausgaben. So wirkt der technische Fortschritt in zweierlei Weise auf das Wirtschaftswachstum:

1. *kurzfristig* über die direkten Lern- und Forschungskosten auf das Gesamteinkommen, natürlich auch auf Beschäftigung und Produktion;

2. *langfristig;* durch die Durchsetzung neuer Produktionsfunktionen wird das Sozialprodukt vergrößert, die Produktionsstruktur und der Kapitalstock verändert.

Beide Komponenten sind für das Wachstum in gleichem Maße relevant. Der zunächst kurzfristige multiplikative Einkommenseffekt von zusätzlichen Lern- und Forschungskosten (I_{tf}) wirkt ebenfalls langfristig, wenn nur die Ausgaben für die Diffusion des bekannten technischen Wissens (I_{tw}) erhöht werden *ceteris paribus,* und zwar durch die Erhöhung der Arbeitsproduktivität. Denn die nicht erfaßte Qualität des Arbeits-*input* wird dadurch entschieden verbessert. Umgekehrt wird eine Erhöhung der Forschungsausgaben (I_f) allein zur Vergrößerung des technischen Horizontes auf lange Sicht beitragen und somit die Durchsetzung neuer Produktionsfunktionen ermöglichen. Dadurch entsteht im allgemeinen auch eine Tendenz zur Verbesserung der Qualität des Kapital-*inputs,* was gleichbedeutend ist mit einer tendenziellen Erhöhung der Kapitalproduktivität. *Die gleichzeitige Erhöhung beider Summanden von* I_{tf} *stellt daher eine gewaltige motorische Kraft für das künftige Wachstum einer Volkswirtschaft dar.* Daraus läßt sich auch die große Diskrepanz im Wachstum der konventionell gemessenen makro-ökonomischen *input*-Größen Arbeit und Realkapital gegenüber der allgemein höheren Wachstumsrate des *output* in den entwickelten Volkswirtschaften zum größten Teil erklären.

Die äußerst komplizierten Zusammenhänge werden aber mit den meisten in unserer Aufstellung auf S. 36 ff. genannten Maßgrößen, „der Stenographie einer Indexzahl", nicht erfaßt. Über die zweite langfristige Wirksamkeit des technischen Fortschritts gibt es für die USA, Großbritannien, aber auch für Norwegen und die deutsche Bundesrepublik eine Reihe von Untersuchungen. Dagegen befinden wir uns noch im Anfangsstadium, was die Analyse der „stochastischen" Beziehungen zwischen den Lern- und Fortschrittskosten (I_{tf}) und dem Gesamt-*output* (P) bzw. der betreffenden Indexzahlen anbetrifft.

Bahnbrechend in dieser Beziehung sind die Studien, die an der Universität von Chikago unter Leitung von Professor T. W. Schultz gemacht wurden[25]. Die Investition in *Human Capital* — worunter er die Ausgaben für Erziehung, Gesundheit, für Wechsel zu qualifizierteren Berufen

---

[25] Vgl. dessen Ansprache als Präsident der *American Economic Association* bei der 73. Jahresversammlung in St. Louis 1960. — T. W. Schultz: Investment in Human Capital. AER *51* (1961), Nr. 1, S. 1—17. — Schon vor 1900 befaßte sich der Statistiker E. Engel mit diesen Fragen in seiner Arbeit: Der Kostenwert des Menschen. Volkswirtschaftliche Zeitfragen, Berlin: 1883.

und Arbeitsplätzen versteht[26] — weist zwei besondere Charakterzüge auf: Erstens ist die Größe dieser spezifischen Investitionsart eine beträchtliche, verglichen mit der Größe der traditionellen Investition in Realkapital, und zweitens ist die Wachstumsrate des *Human Capital* höher als die Rate des Wachstums von Realkapital in den Staaten der westlichen Welt und wahrscheinlich auch in der Sowjetunion.

In der folgenden Übersicht wird aus Gründen der statistischen Erfassung und der fast unüberwindlichen Schwierigkeiten beim Beschaffen empirischer Daten der Begriff des *Human Capital* beschränkt auf die Erziehungskosten. Trotz dieser Einschränkung lassen sich daraus die vorher besprochenen Thesen beweisen.

Wie ersichtlich, sind die Erziehungskosten von 400 Millionen Dollar im Jahre 1900 auf 28700 Millionen Dollar im Jahre 1956 angestiegen. Die Zahlen derselben Zeitspanne für die Brutto-Realkapitalkosten sind nach den Schätzungen von Kuznets von 4300 Millionen auf 85200 Millionen Dollar angewachsen, so daß die Erziehungskosten dreieinhalbmal rascher als die Realkapitalkosten gestiegen sind. Da außerdem der durchschnittliche Brutto-Kapitalkoeffizient in der erwähnten Zeitfolge ungefähr gleich groß geblieben ist, so sind auch die Erziehungskosten dreieinhalbmal rascher gewachsen als die des Gesamt-*output*. Im Jahre 1956 beträgt der Anteil der Erziehungskosten verglichen mit der Größe der Brutto-Realkapitalkosten schon 34 Prozent. — Wenn es uns gelänge, die übrigen Posten des *Human Capital* zur Durchsetzung des bekannten technischen Wissens und dazuhin die eigentlichen Forschungskosten mit einiger Genauigkeit abzuschätzen, so bietet die Korrelation der Entwicklung von Lern- und Fortschrittskosten (I_{tf}) mit den Indizes der Totalproduktivität einen gewaltigen Fortschritt für die Untersuchung von Maß und Wirksam-

---

[26] Sein Begriff des *Human Capital* entspricht ungefähr unserer Größe I_{tw}, den reinen Lernkosten zur Diffusion des bekannten technischen Wissens. Und zwar nennt er fünf Kategorien von Ausgaben, welche die Investition in *Human Capital* umfassen und nicht als Konsumausgaben zu klassifizieren sind:

„1. Gesundheitswesen im weitesten Sinne verstanden, was alle Ausgaben einschließt, die die mittlere Lebenserwartung, Arbeitskraft und Ausdauer eines Volkes verbessern;

2. Berufserziehung, inbegriffen das altbekannte Lehrlingswesen, wie es durch die Unternehmungen durchgeführt wird;

3. öffentliches und privates Erziehungswesen auf Elementar-, Sekundar- und auf höheren Stufen;

4. Studienprogramme für Erwachsene, die nicht auf privatwirtschaftlicher Ebene durchgeführt werden, inklusive von Lehrgängen besonders in der Landwirtschaft;

5. Binnenwanderungen von Individuen und Familien, um sich den wechselnden Arbeitsplatzmöglichkeiten anzupassen." (S. 9.)

Gemeinsam ist diesen Ausgaben das eine, daß sie "the value productivity of human effort (labor) increase, they will yield a positive rate of return" (S. 8). Wobei in der wirklichen Welt „der Unsicherheit" und der „unvollkommenen Voraussicht" auch "zero or negative return" möglich ist, aber nicht als allgemeine Zielsetzung angesehen werden kann.

keit der in der realen Volkswirtschaft tätigen Kraft des technischen Fortschritts[27].

Tabelle 6. Totalkosten für das öffentliche und private Erziehungswesen in den Vereinigten Staaten von 1900—1956 zu jeweiligen Preisen[1]

Jahr	Erziehungskosten Mio $	Brutto-Realkapitalkosten Mio $	Erziehungskosten in Prozent der Brutto-Realkapitalkosten
1900	400	4 300	9 %
1910	810		
1920	2 510		
1930	4 970		
1940	6 330		
1950	17 000		
1956	28 700	85 200	34 %
Wachstum	70 %	20 %	
Verhältnis	3,5	1	

[1] Vgl. T. W. Schultz: Capital Formation by Education. JPE *68* (1960), S. 582. – Inbegriffen in diesen Zahlen sind neben den eigentlichen direkten Lernkosten auch der *Lohnausfall* für die Mittel- und Hochschulstudenten. Für die Elementarstufe jedoch kommt *kein* Lohnausfall in Betracht (Gesetze gegen Kinderarbeit usw.). Dieser Lohnausfall als solcher macht innerhalb der Größe der Lernkosten (Erziehungskosten) im weiteren Sinne sowohl für das Mittelschulstudium als auch für das Hochschulstudium rund 3/5 anteilmäßig aus. Gesamthaft gesehen, unter Einbeziehung der Grundschulausbildung, beträgt der Lohnausfall gute 2/5 der gesamten Erziehungskosten. Dabei werden die Lebenshaltungskosten vernachlässigt, da dieselben sowohl bei der Lerntätigkeit als auch bei der Berufsarbeit notwendigerweise zu decken sind.

Seine Mitarbeiterin M. J. Bowman behandelt in einem Artikel: Human Capital: Concepts and Measures, erschienen in der Festschrift für J. Åkerman: Money, Growth and Methodology. Lund: 1961, S. 147–168, den ganzen Problemkreis dieser Kapitalart. Ferner T. W. Schultz: Output-Input Relationships Revisited. JFE *40* (1958), S. 924–932. Derselbe: Education and Economic Growth. In: National Society for the Study of Education, Yearbook 1960, part II. University of Chicago Press: 1961. – E. O. Heady: Economics of Agricultural Production and Research Use. New York: 1952, S. 800. Derselbe: Basic Economic and Welfare Considerations of Farm Technological Advance. JFE *31* (1949), S. 293–316, und weitere Artikel in derselben Zeitschrift in den fünfziger Jahren. – J. Mincer: Investment in Human Capital and Personal Income Distribution. JPE *66* (1958), S. 281–302.

[27] G. Debreu geht in seinem Modell über das Wachstum der technologischen Möglichkeiten (des technischen Horizonts) einer Volkswirtschaft von der Annahme aus, daß "the technological future is exactly foreseen", d. h. die technologische Ungewißheit wird ausgeschlossen. Außerdem betrachtet er die Änderungen der Spanne der technologischen Möglichkeiten als *exogen* verursacht.

"Here technological change will be defined as the replacement of the technological possibilities region Y^0 by a larger region Y^1 containing the first one ($Y^1 \supset Y^0$). Such a change can clearly come from invention as well as from dif-

Es muß aber auch darauf hingewiesen werden, daß die Lern- und Forschungskosten ($I_{tw} + I_f$) nicht nur einen „langfristigen“ *Investitions-Effekt* (Kapazitäts- und Komplementaritätseffekt) im Sinne einer Akkumulation von Bildungskapital als produktiver Kraft besitzen, sondern auch daß speziell die Lernkosten (I_{tw}) einen *Konsumtions-Effekt* haben. Der schwedische Nationalökonom Svennilson umschreibt letzteren Effekt als einen „direkten Beitrag zum Lebensstandard“ oder als die Herstellung eines „dauerhaften Konsumgutes“[28]. Hier wird das Problem der Einkommensverwendung in den Vordergrund gerückt. Dieses „komplementäre“ Zusammenwirken der beiden genannten Effekte soll in der modernen Wachstumstheorie dargestellt und womöglich auch gemessen werden.

Die andere Seite des Problems, die Messung der Wirkungen allein — nicht der Ursachen — des technischen Fortschritts, scheint vorerst der Lösung besser zugänglich zu sein. — Die allgemeinste Wirkung des technischen Fortschritts, die für den Verbraucher relevant wird, ist *die Steigerung des Lebensstandards* unter Berücksichtigung von ausreichenden Beschäftigungsmöglichkeiten, sozialer Sicherheit und von genügend Freizeit[29]. Ist der Verbrauch der Hauptzweck alles Wirtschaftens von Menschen, um den Menschen das Streben nach anderen (höheren?) Lebenszielen zu ermöglichen, so ist die Vermehrung der Verbrauchsmöglichkeiten und der Verbrauch pro Kopf schlechthin das Endmaß für die gesteigerte Produktionskraft. Die Steigerung der Wirksamkeit der produktiven Kräfte und deren Ergebnis, das Wachstum des gesamten Realeinkommens am Schlusse einer Periode, umfaßt die Mittel zur besseren Befriedigung der menschlichen Bedürfnisse. Sicher besteht ein Problem in Form eines interpersonellen Nutzenvergleiches und in Form eines Nutzenvergleiches verschiedener Volkswirtschaften in unterschiedlicher geographischer Lage

---

fusion of technological knowledge.” So klar sein theoretisches Modell aufgebaut ist, so wenig sinnvoll ist dieser Ausgangspunkt für unsere empirische Untersuchung. Entscheidend ist die ökonomische Durchsetzung der neuen, technisch möglichen Prozesse durch die Unternehmung und die realen Auswirkungen auf die volkswirtschaftlichen Gesamtgrößen. Nur durch die ausdrückliche Berücksichtigung des ökonomischen Kriteriums der Unternehmerentscheidungen (ökonomischer Horizont) wird die Realität erfaßt und führt die Suche nach Maßzahl und numerischer Größe zu brauchbaren Ergebnissen. Vgl. G. Debreu: Numerical Representations of Technological Change. Metroeca *6* (1954), Heft 2, S. 45—54.

T. Haavelmo weist im besonderen auf die Bedeutung „stochastischer Zusammenhänge“ im Rahmen des volkswirtschaftlichen Wachstums hin. — Derselbe: A Study in the Theory of Economic Evolution. Amsterdam: 1954.

[28] Siehe I. Svennilson: Education, Research and Other Unidentified Factors in Growth. *Paper,* vorgelegt am Wiener Kongreß der “International Economic Association”, Wien, 30. August bis 6. September 1962, über: Economic Development. Sections 1 and 2, S. 3. — Derselbe: Samhällsekonomiska synpunkter på utbildning. ET *63* (1961), S. 1—23.

[29] Über die Problematik der Lebensstandardvergleiche orientiert die Arbeit von K. W. Rothschild sehr gut. — Derselbe: Langfristige Reallohn- und Lebensstandardvergleiche. ZfN *16* (1956), Heft 3-4, S. 423—460.

auf unserer Weltkugel. Außerdem verändern sich die Warenkollektionen über längere Zeiträume hinweg. Trotz dieser Mängel geben die Statistiken über Sozialprodukt und Volkseinkommen, die Wachtumsraten der genannten Größen und die Beziehungszahlen pro Kopf und pro Arbeitsstunde einen ersten allgemeinen Überblick über den *gesamtwirtschaftlichen Fortschritt* eines Gemeinwesens.

Drittes Kapitel

Spezielle ökonomische Maßstäbe

1. Totale Mengen-Produktivität unter Berücksichtigung der Veränderungen der Lern- und Forschungskosten und der Strukturwandlungen

Um einen gesamtwirtschaftlichen Maßstab für den technischen Fortschritt im besonderen aufzustellen, genügen die allgemeinen Wachstumsparameter offenbar nicht. Wie lassen sich die realisierten Produktivitätssteigerungen erklären, welche Faktoren sind dafür maßgebend und in welchem Ausmaß beeinflussen sie einzeln die Totalproduktivität? — Dieses Problem gilt es zu lösen, wobei etwaige gültige Resultate sowohl für die Lohnpolitik als auch für die zukünftige Politik des Wirtschaftswachstums relevant werden.

Wir müssen daher zur Lösung des Problems *spezielle ökonometrische Meßmethoden* entwickeln, die den vermehrten Realkapital-Einsatz und den technischen Fortschritt getrennt zu erfassen versuchen, um damit unser gesuchtes Endresultat, eine Indexzahl der eigentlichen Produktivitätsfortschritte, *pure,* ohne sonstige Nebeneinflüsse, zu ermitteln. Dabei ist eben nicht die Steigerung der Einsatzmenge des Faktors Realkapital, sondern auch die zunehmende Investition in den Menschen (human capital), die Lern- und Forschungskosten als spezifische Kosten des technischen Fortschritts, in unsere Berechnungen einzubauen. Wenn wir außerdem das Aggregat Sozialprodukt aufspalten, so erweist sich der Einflußfaktor Produktionsstruktur und dessen Veränderungen als weiteres, in seinen Wirkungen auf das Gesamt-Produkt zu isolierendes Element. Diese wenigen Hinweise beweisen zur Genüge schon, wie wenig erschöpfend die Aussagefähigkeit der früher aufgezählten allgemeinen Parameter ist, so daß das Postulat einer Verbesserung der bisherigen Maßstäbe als berechtigt erscheint.

Der Begriff der *Produktivität* als makro-ökonomische Konzeption beinhaltet ein Verhältnis zwischen einem Gesamt-*output* der verschiedensten Produkte und Dienstleistungen und dem zu dessen Erzeugung erforderlichen *input,* der an sich eine Kombination von ebenfalls heterogenen Gütern und Dienstleistungen umfaßt[30]. So verstanden, können wir von

[30] Vgl. dazu die Definition von S. Fabricant: "Productivity ... is a measure of efficiency with which the nation's resources are transformed into the consumption, investment, and other goods that satisfy individual or collective wants." — Derselbe in: Basic Facts on Productivity Change. (National Bureau of Economic Research, Occasional Paper *63.*) New York: 1959, S. 4.

einem „Spektrum der Produktivitätsverhältnisse“ der verschiedenen Wirtschaftszweige und Industrien innerhalb einer Volkswirtschaft sprechen, wie Kendrick das ausdrückt[31]. Den unterschiedlichen Produktivitätsraten in den wirtschaftlichen Teilbereichen sind veränderliche Einheitskosten und Produktpreise, *veränderliche output*-Raten und auch eine sich ändernde Zuteilung der nationalen Hilfsquellen, der produzierten Produktionsmittel und der menschlichen Arbeit neben der unterschiedlichen Rate des technischen Fortschritts zuzuordnen. Letzterer Faktor stellt speziell das „qualitative Element“ in der Produktions-, Konjunktur- und Wachstumstheorie dar, worauf auch Dupriez hinweist[32]. Da der kombinierte Faktoreinsatz sich immer wieder nach Qualität und Quantität im Zeitablauf ändert, ist es nötig, *den gesamten output in Relation zum gesamten input,* also die „Totalproduktivität“, *zu messen.* Die Totalproduktivität als Maßgröße reagiert sowohl auf Änderungen der relativen Faktorpreise (Faktorsubstitution), auf Änderungen des Ausnutzungsgrades, der allgemeinen Effizienz der Erzeugung und auf den technischen Fortschritt. Auf diesem Wege läßt sich anscheinend am besten die Ersparnis in realen Kosten pro Ausbringungseinheit messen. Da außerdem der realisierte technische Fortschritt essentiell ein „natural-ökonomisches Problem“ stellt und es sich dabei um die Messung des physischen (relativen) Mehrertrages handelt, ist als Maßzahl *die totale Mengen-Produktivität* die geeignetste unter Ausschaltung des Preisphänomens.

Die Steigerungsrate der quantitativen Totalproduktivität ist demnach ein erster Index für den technischen Fortschritt. Bezeichnet man entsprechend der Nomenklatur von Krieghoff[33] diese Rate mit λ_t, den Einsatz an Arbeit mit A, den Kapitaleinsatz mit K und das gesamte Ausbringungsprodukt mit P, so ergibt sich die Gleichung:

$$\lambda_t = \frac{P}{A+K}. \tag{1}$$

Der Grund und Boden wird entweder zum Kapital K hinzugeschlagen oder aber in den meisten Fällen vernachlässigt, weil er von vornherein als unveränderliches makro-ökonomisches Datum für eine Volkswirtschaft angenommen wird. Außerdem wird das umlaufende Kapital (working capital) ebenfalls nicht berücksichtigt und nur der besser erfaßbare Kapitalstock an Fixkapital im weiteren Sinne des Anlagevermögens der Betriebswirtschafter unter K einbezogen[34]. In diesem Zusammenhang macht

---

[31] J. W. Kendrick: Productivity Trends: Capital and Labor. (National Bureau of Economic Research, Occasional Paper 53.) New York: 1956, S. 2; orig. in: REStatistics *38* (1956), S. 248–257.

[32] L. Dupriez: Progrès techniques et conjoncture économique. Vortrag, gehalten in Fribourg am 22. 2. 1962.

[33] H. Krieghoff, a. a. O., S. 95. Die Aufstellung der Formel erfolgt zunächst kursorisch, wobei an Stelle der Symbole P, A, K Indizes derselben Periodenabschnitte nach denselben Bewertungsgrundsätzen ermittelt zu denken sind.

[34] Die beim Produktionsprozeß verbrauchten Zwischenprodukte werden in der Regel auch vernachlässigt. In Ausnahmefällen, z. B. bei Untersuchungen über die Landwirtschaft, werden diese Zwischenprodukte *explicite* einberechnet oder

Ott den Vorschlag, den reziproken Wert der Steigerungsrate der Totalproduktivität, d. h. „die Abnahmerate der Durchschnittskosten", zu berechnen. Somit wird die Gl. (1) umgeformt in

$$\frac{1}{\lambda_t} = \frac{A+K}{P} = \frac{A}{P} + \frac{K}{P} \qquad (1a)$$

und anschließend aufgeteilt in die bekannten Arbeits- und Kapitalkoeffizienten, die reziproken Werte der Arbeits- und Kapitalproduktivität[35].

$$K_i = \frac{K}{A} = \frac{K}{P} : \frac{A}{P}.$$

Auf letztere Trennung des Indexes ist jedoch zu verzichten, wenn der durch den technischen Fortschritt veränderte Aufwand an Arbeit und Kapital pro Ausbringungseinheit gemessen werden soll[36].

Beim Nachdenken über die Verwendbarkeit dieser Messungsansätze tauchen alsbald folgende Einwände auf: Die Änderungen der Totalproduktivität sind nicht allein zurückzuführen a) auf den technischen Fortschritt, sondern auch b) auf den Ausnutzungsgrad der Kapazitäten. Dementsprechend gelten hier die Regeln für das Gesetz der Massenproduktion, des steigenden und fallenden Ertragszuwachses je nach Kostensituation und Beschäftigungsgrad[37]. Bei Übernahme der totalen Mengen-Produktivität als Maßgröße wird außerdem c) den qualitativen Änderungen des Arbeits-*inputs* keine Beachtung geschenkt. Aber gerade der erhöhte Faktor-*input* d) an „immateriellem Kapital", die erhöhten Aufwendungen für Lern- und Forschungskosten (I_{tf}), beeinflussen die Fortschritte im technischen Wissen, die Vergrößerung des technischen Horizonts und letzten Endes auch die qualitativen Änderungen des Arbeits-*inputs*. Das

---

als zweite Kapitalart im Ansatz aufgeführt. Das *US-Department of Agriculture* bezeichnet diesen Index-Typ als "composite productivity". Wie gesagt, die Konzeption für die Messung des Faktors Kapital ist sehr verschieden in der statistischen Praxis.

[35] A. E. Ott: Zum Problem des technischen Fortschritts. A. a. O., S. 169. *Die Kapitalintensität* als weiterer Wachstumsindikator zur Feststellung der Wirksamheit des „Mechanisierungseffekts" läßt sich ohne weiteres daraus ableiten, und zwar rein formal als Quotient aus Kapital- und Arbeitskoeffizient.

[36] Vgl. dazu Kendrick, der folgendes ausführt: "*Productivity* estimates based on the relationship of output to all associated inputs, in real terms, are our best measures of changes in the productive efficiency. Partial productivity measures are useful in showing savings of particular inputs achieved over time as a result of factor substitution as well as changing technological efficiency. But to indicate the *net* savings of inputs as a whole, and thus the increases in efficiency as such, output must be related to *all* corresponding input." J. W. Kendrick: Productivity Trends in Agriculture and Industry. JFE *40* (1958), S. 1554.

[37] Normalerweise wird eine Produktionsausweitung bei *nicht voll* ausgenutzten Kapazitäten mit steigendem Ertragszuwachs verbunden sein, während bei *voll* oder schon bei *beinahe voll* ausgelasteten Kapazitäten die Produktionssteigerung nur durch überproportionale Faktoreinsatz-Kosten bei sinkendem Ertragszuwachs zu erzielen möglich ist.

immaterielle Kapital ist aber *ex definitione* aus der Gl. (1) bzw. (1 a) ausgeschlossen. Um die strukturellen Änderungen innerhalb der gesamten Volkswirtschaft auch noch mit einzubeziehen, ist e) jeder Wirtschaftsbereich einzeln zu gewichten.

Folglich mißt trotz all der angestrebten Verbesserungen dieser Index der Totalproduktivität (Gl. [1] bzw. [1 a]) noch nicht den technischen Fortschritt im eigentlichen und engeren Sinne, sondern einen *Restwert*, „residual“, wie Domar ihn nennt[38]. In diesem Restwert sind die verschiedensten Effekte vereinigt, die nicht direkt den quantitativen Veränrungen des *input* an Arbeit und Kapital zugerechnet werden können. Wie schon erwähnt, sind die wirksamen Faktoren, welche auf die dargestellte Restwertgröße einwirken, der eigentliche technische Fortschritt, der Ausnutzungsgrad, die Typisierung und Standardisierung der Produkte und die *economies of scale*, Verbesserungen von Organisation und Management, qualitativ verbesserter Arbeits-*input*, gesteigerter Einsatz des immateriellen Kapitals (Lern- und Fortschrittskosten) — das nicht erfaßt wird — und die Vermehrung der internationalen Wirtschaftsbeziehungen, d. h. des Austauschvolumens[38a]. Sowohl ökonomische als auch technische Einflußfaktoren, die weder dem Realkapital- noch Arbeitsfaktor direkt zugerechnet werden können, sind die Bestimmenden dieser Restkomponente, für die sich die etwas unglückliche Sammelbezeichnung technischer Fortschritt eingebürgert hat.

Eine andere *einfache* (naive) *Methode* wäre noch zu erwähnen, wonach der technische Fortschritt (Restwert) als Differenz zwischen *output*- und *input*-Werten zu konstanten Preisen dargestellt wird:

$$F_{i,o} = \frac{P_i - (A_i \cdot l_o + K_i \cdot c_o)}{P_o - (A_o \cdot l_o + K_o \cdot c_o)}. \qquad (2)$$

P_o bzw. P_i sind die Wertmaße für das gesamte Netto-Sozialprodukt in der Basis- und Vergleichsperiode; l_o und c_o sind der Durchschnittslohn und die durchschnittlichen Kapitalkosten basisgewichtet, so daß die Summanden in den runden Klammern den Index der Realkosten des aggregierten Faktoreinsatzes wiedergeben. Angenommen wird dabei eine Konstanz der Nettoquoten, was aber in der Regel nur auf kurze und unter Umständen auf mittlere Sicht zutrifft. Dieses Verfahren wurde von H. S. Davis angewandt, der in seinen neueren Studien jedoch eine andere

---

[38] E. D. Domar: On the Measurement of Technological Change. EJ *71* (1961), S. 709.

Vgl. auch L.-A. Vincent: Progrès technique et progrès économique. Récque *12* (1961), Nr. 6, S. 877, wo er schreibt: “Au sens large, l'expression *progrès technique* peut être considérée comme désignant des *progrès de productivité.*” . . . “Mais il faut se souvenir que la productivité peut varier du seul fait des variations de production et, plus généralement, du fait des phénomènes naturels sur lesquels l'homme n'a pratiquement pas de prise.” (S. 878.)

[38a] Zwar werden die Verbesserungen der Qualität des zur Verfügung stehenden Realkapital-Stocks über die steigenden Kapitalgüterpreise zum größten Teil durch den Index erfaßt!

Methode, diejenige des Verhältnisses der arithmetischen Indizes von *output* und *input* wie die übrigen NBER-Forscher gebraucht[39].

Auf die Messung der statistischen *Arbeitsproduktivität* als Teilproduktivität oder des reziproken Wertes, des Arbeitskoeffizienten

$$\lambda_a = \frac{P}{A}$$

oder

$$\frac{1}{\lambda_a} = A_k = \frac{A}{P}$$

wird in diesem Zusammenhang aus verschiedenen Gründen verzichtet. Die Faktoreinsätze ändern sich einmal absolut und relativ. Zum andern steigt in der Regel auch die Kapitalintensität K/A makro-ökonomisch auf lange Sicht, was wiederum auf den technischen Fortschritt, den historischen Prozeß der Kapitalakkumulation und der Substitution der Arbeit durch das Realkapital infolge von Faktorpreisänderungen — Geld- und Reallohnerhöhungen bei relativer Knappheit des Arbeitsfaktors und machtvollen Gewerkschaften — zurückzuführen ist. Bei unveränderter Produktionsfunktion, aber höherem Kapitaleinsatz, wird die Arbeitsproduktivität zwangsläufig steigen. Das große *output*-Wachstum in der Landwirtschaft beispielsweise ist sowohl auf die Substitution der Arbeit durch Kapital und den technischen Fortschritt zurückzuführen.

Die Steigerungsrate der Arbeitsproduktivität bezieht den gesamten Mehrertrag nur auf einen einzigen Faktor, die Arbeit, und nicht auf den verantwortlichen Gesamtaufwand an Produktionsfaktoren[40]. Dabei ist in bestimmten Wirtschaftsbereichen, z. B. in der Energiewirtschaft, der Arbeits-*input* nur ein kleiner Teil des Total-*input*. Weitere Defekte des Indexes der Arbeitsproduktivität sind darin zu suchen, daß sich dieser nur auf die Zahl der Produktivarbeiter oder der Produktivarbeiter-Stunden bezieht. Und außerdem wird den Änderungen der Qualität des Arbeitseinsatzes nicht Rechnung getragen. Zwar gibt es für letzteren Defekt und dessen Behebung ein Hilfsmittel: nämlich das Wägen mit differenzierten Arbeitslöhnen.

Abgesehen davon, daß *der technische Fortschritt als gesamtwirtschaftliche Größe kaum durch eine einzige statische Maßgröße genügend erfaßt werden kann, ist vielmehr eine Pluralität von Maßzahlen nötig, um über eine solch komplexe Größe genaueren Aufschluß zu erhalten, und zwar im Sinne eines "statistical compendium approach", wie Kuznets das nennt*[41].

---

[39] Vgl. dazu die mehr einzelwirtschaftlich orientierten Arbeiten von H. S. Davis: The Industrial Study of Economic Progress. Philadelphia: 1947, und eine neuere Publikation desselben: Productivity Accounting. Philadelphia: 1955, S. 6, 9 und 122.

[40] Vgl. dazu unsere Ausführungen über die allgemeinen Wachstumsindikatoren, d. h. die Arbeitsproduktivität im besonderen auf S. 14 ff.

[41] S. Kuznets: Measurement of Economic Growth. In: Economic Growth — A Symposium. JEH, Suppl. VII, 1947, S. 18.

Below teilt diese Auffassung ebenfalls. „Der technische Fortschritt in der Industriewirtschaft ... ist nach unserer heutigen Theorie statistisch nicht in

In diesem Sinne ist auch die Kapitalproduktivität oder deren reziproker Wert, der Kapitalkoeffizient

$$\lambda_k = \frac{P}{K}$$

oder

$$\frac{1}{\lambda_k} = K_k = \frac{K}{P}$$

ebenfalls nicht der gesuchte funktionelle Maßstab. Ganz klar sieht Bombach die tieferen Zusammenhänge: „Die Produktivität des Kapitals hängt wesentlich von der Produktivität der Arbeit und diese umgekehrt von der Produktivität des Kapitals und beide zusammen entscheidend vom technischen Fortschritt ab."[42] In den Meßziffern der Arbeitsproduktivität stecken die Angaben über Ausnutzungsgrad und Leistungsfähigkeit des eingesetzten Kapitals, von Anlagen und Maschinen indirekt mit drin. Umgekehrt registriert die Kapitalproduktivität die Ausbildung, Tüchtigkeit und den Arbeitswillen der die Maschinen bedienenden Arbeiter bis zu einem gewissen Maße. Jedoch, und das ist das Entscheidende, „Aufschluß über Art und Weise des Zusammenspiels und die Effizienz des gesamten Produktionsprozesses können faktorbezogene Produktivitäten nicht geben"[43].

Wenn wir außerdem annehmen, daß *der technische Fortschritt* ein weiterer *Produktionsfaktor* sei, der gleichgewichtig gegenüber den anderen drei bekannten Produktionsfaktoren der menschlichen Arbeit, dem Grund und Boden und dem Realkapital, einzustufen ist, dann können wir auch für diesen Fall eine Teilproduktivität, die *Produktivität des technischen Fortschritts,* formelmäßig entwickeln:

$$\lambda_{tf} = \frac{P}{I_{tf}}$$

oder

$$\frac{1}{\lambda_{tf}} = F_k = \frac{I_{tf}}{P}.$$

Die erste Gleichung erklärt die Produktivität des technischen Fortschritts als Quotient aus Sozialprodukt dividiert durch die Investition in Bildungs-

einer Größe wie der *Fortschrittsrate* zu messen." F. Below: Zur statistischen Messung des technischen Fortschritts in der industriellen Produktion. A. a. O., S. 86. — Zwar hat sich für gesamtwirtschaftliche *long term*-Projektionen die einfache Methode der getrennten Fortschreibung von Arbeitskräften und Arbeitsproduktivität in der Praxis trotz aller Kritik bewährt. Jedoch sind Schätzungsrechnungen zum Zwecke von *Globalprognosen* und die *Zurechnung des historisch erreichten Produktivitätszuwachses im Grunde zwei gesonderte Probleme.* Vgl. W. G. Hoffmann: Zur Vorausschätzbarkeit von Produktivitätsveränderungen im Wachstumsprozeß. ZfgSt. *114* (1958), S. 66—98.

[42] G. F. Bombach: Quantitative und monetäre Aspekte des Wirtschaftswachstums. A. a. O., S. 157.

[43] G. F. Bombach: Probleme der Produktivitätsmessung. KPo., 1959, 6. Heft, S. 322.

kapital (Lern- und Forschungskosten). Der reziproke Wert der technischen Fortschrittsproduktivität ist dann der technische Fortschrittskoeffizient F_k in der zweiten Gleichung, analog dem Arbeits- und dem Kapitalkoeffizienten.

Mit diesem Schritt sind wir aber noch nicht viel weitergekommen, denn jede der drei behandelten Teilproduktivitäten für sich allein gibt ein verzerrtes Bild über die Veränderungen der gesamten *input-output*-Strukturverhältnisse im Produktionsprozeß. Sicherlich werden die Investitionen für Erziehung, für Forschung und Entwicklung langfristig dazu beitragen, zur Steigerung der Produktivität und zum Wachstum des Sozialprodukts. Jedoch müssen wir das gemeinsame Zusammenwirken aller Einsatzfaktoren und den Gesamtertrag daraus unter die Lupe nehmen, um zu gesicherten Meßergebnissen zu gelangen. Außerdem ist die mehr kursorische Darstellung der nicht-gleichartigen Faktoreinsatzmengen und der ebenfalls nicht-gleichartigen Ausstoßmengen dadurch zu ergänzen, daß alle genannten Größen durch Bewertung kommensurabel gemacht werden.

Schon vor Ott haben sich die Mitarbeiter des *National Bureau of Economic Research* in New York bemüht, die Restwert-Komponente in den Griff zu bekommen und über den theoretischen Ansatz hinaus zu praktischen Ergebnissen zu gelangen[44]. Die grundlegende Konzeption ist in beiden Fällen dieselbe in dem Sinne, daß die *Veränderung der globalen Produktivitäten realiter* der zu verwendende Maßstab sei. Jedoch führen die Amerikaner aus praktischen statistischen Erwägungen ein Gewichtungssystem für die eingesetzten Produktionsfaktoren ein. Läßt sich der Arbeitseinsatz noch teilweise physisch quantitativ in Arbeitsstunden, Arbeitstagen oder Arbeiterjahren der Produktionsarbeiter und *white collar*-Arbeiter messen[45], so ist dieses Vorgehen der Addition physikalischer Einheiten bei Messung des Kapitaleinsatzes zum Scheitern verurteilt. Die Messung des *input* an Kapital ist die Krux aller statistischen Produktivitätsanalysen. Mit Hilfe der dynamischen Stromgröße in der Zeitfolge,

[44] Hier sind vor allem die Arbeiten von Stigler, Schmookler, Abramovitz, Fabricant und Kendrick zu nennen.

G. J. Stigler: Trends in Output and Employment. NBER, New York: 1947.

J. Schmookler: The Changing Efficiency of the American Economy: 1869—1938. REStatistics *34* (1952), S. 214—232.

M. Abramovitz: Resource and Output Trends in the United States since 1870. AER, Papers and Proceedings, *46* (1956), S. 5—23; ebenfalls als NBER-Publikation erschienen: Occasional Paper *52*, New York: 1956.

S. Fabricant: Basic Facts on Productivity Change, a. a. O., und derselbe: Economic Progress and Economic Change. NBER, Thirty-fourth annual report, New York: 1954.

J. W. Kendrick: Productivity Trends: Capital and Labor. A. a. O.

[45] Aber auch in diesem Falle ist die Veränderung der Arbeitsintensität, Tüchtigkeit und Ausbildungsgrad auf der Einsatzseite nicht berücksichtigt. Durch Gewichten mit dem Durchschnittslohn der Basisperiode wird dieser Mangel eben nicht behoben. Wir erhalten nur Meßziffern für den Restwert, die angeben, wie sich die *output*-Raten zu konstanten Preisen im Verhältnis zu den gegebenen *input*-Raten zu konstanten Preisen *bei Annahme einer Standard-Produktivität* (der Basisperiode) verändert haben.

wie beispielsweise der durchschnittlichen Kapitalkosten (Abschreibung und Zins) pro Jahr und pro Kapitaleinheit (1000 sfr. mit konstanter Kaufkraft), wäre die theoretisch richtige Maßdimension gewonnen. Wie ist aber auf makro-ökonomischer Ebene das Abschreibungsproblem für eine so heterogene Gütergruppe wie Anlagen, Maschinen, Zwischenprodukte und Rohstoffvorräte zu lösen? Wird ferner die Abschreibungsfrage dadurch gelöst, daß eine Konstanz der Nettoquoten als Arbeitshypothese dient, so gibt der *Zins* als Kaufpreis der Kapitalnutzung noch einige gedankliche Nüsse zu knacken. Welches ist der *typische Durchschnittszinssatz* einer Periode? Besteht im wirtschaftlichen Alltag eine Diskrepanz zwischen Durchschnitts- und Gleichgewichtszins? Anscheinend ja, und damit wird auch der Aussagewert der auf diese Weise konstruierten Globalindizes fragwürdig. Übrig bleibt daher die gute, vielkritisierte und alte „Kapitalbestandsmethode". Die Statusgröße des Kapitalstocks als proportionale Größe zu den Kapitalpreisen wird auch von den NBER-Autoren verwendet und mit konstanten Dollarpreisen (Anschaffungspreisen) im Zeitablauf bewertet.

Die Frage, welches ist das richtige, das gegebene Faktorpreissystem, und wie wird der *output* ebenfalls mit den richtigen Preisen bewertet, ist die Kernfrage jeglicher Produktivitätsmessung und ebenfalls der Messung des technischen Fortschritts. Wenn wir uns dazu noch in Erinnerung rufen, daß die Marktpreise vieler Güter eben keine Marktpreise, sondern „administrierte Preise" sind, so erschwert das die Problemlösung. Denn je nach Wahl des Preissystems wird die Größe der totalen Mengenproduktivität auch verschieden sein. Alle altbekannten Einwände gegenüber den Indexzahlen haben in diesem Zusammenhang ihre Gültigkeit. Eine Patentlösung kann dafür offensichtlich nicht gefunden werden. Genauso heikel wie die Wahl des Preissystems ist diejenige des Ausgangs- oder Basisjahres der Untersuchung; Entscheidungen, die mehr oder weniger willkürlich sind. Dazu läßt sich höchstens als allgemeiner Grundsatz aufstellen: *Als Basisjahr soll womöglich ein solches Jahr bestimmt werden, in dem die zu messenden Globalgrößen der betreffenden Volkswirtschaft annähernd in einem (dynamischen) Gleichgewichtszustand sind.* So scheint uns als Basisjahr die Wahl des Jahres 1950 beispielsweise günstiger als 1947, wo die meisten Volkswirtschaften noch unter den Nachwirkungen des Weltkrieges zu leiden hatten und sich mitten im strukturellen Wandlungsprozeß zur Friedenswirtschaft befanden, oder als 1952, dem Jahr des Korea-Booms. Das Preissystem als relatives Preisgefüge in einem mit kluger Vorsicht ausgewählten Basisjahr darf dann mit Berechtigung zur Gewichtung und Errechnung der Indexzahlen angewandt werden. Dabei sind im Falle der Faktorpreise echte, lagebestimmte Durchschnittslöhne und -zinsen einzusetzen. Wie sagt übrigens schon Edgeworth in seiner *klassischen Definition* der Indexzahl? „ . . . daß sie durch ihre Variation die Änderung einer Größe anzeigt, die weder eine genaue Messung für sich noch eine direkte Bewertung in der Praxis zuläßt"[46]. Stellen wir

[46] F. Y. Edgeworth: The Plurality of Index Numbers. EJ *35* (1925), zitiert nach R. G. D. Allen: Statistik für Volkswirte. Tübingen: 1957, S. 104 f.

nun trotz allen Einwänden die Grundgleichung zur Messung der totalen Mengenproduktivität auf:

$$F_{i,o} = \frac{P_i}{A_i \cdot l_o + K_i \cdot r_o} : \frac{P_o}{A_o \cdot l_o + K_o \cdot r_o}, \qquad (3)$$

P = Mengenindex des Netto-Sozialprodukts
A = Mengenindex der Arbeit (physikalische Einheiten, z. B. Arbeiterstunden)
K = Mengenindex des Kapitals
l = Durchschnittslohn
r = durchschnittliche Ertragsrate des Kapitals
o, i = Symbole der Zeitpunkte bzw. der einheitlichen Zeitperioden (Jahre)
o = Basisperiode
i = Referenzperiode[47]

Anders geschrieben, ist

$$F_{i,o} = \frac{P_i}{P_o} : \frac{A_i \cdot l_o + K_i \cdot r_o}{A_o \cdot l_o + K_o \cdot r_o}. \qquad (3\,a)$$

Bombach setzt in seine Formel (3 a) den *Zins* mit Symbol r als Gewicht ein[48]. Zur Gewichtung verwenden jedoch die NBER-Wissenschafter nicht den Zins, sondern die *durchschnittliche Ertragsrate des Kapitals* (obiges r), die nicht zu verwechseln ist mit dem Zins und/oder der Grenzleistungsfähigkeit des Kapitals. Streng theoretisch hat Bombach sicher recht, daß die Gewichte einheitlich *Preise* sein müssen. Die Amerikaner als Pragmatiker umgehen jedoch geschickt die Kontroverse Durchschnittszins — Gleichgewichtszins und gebrauchen einfach die durchschnittliche Netto-Ertragsrate als Gewicht. Der Realkapitalstock wird so definiert, daß „Land, Fabriken, Ausrüstung und Vorräte" inbegriffen sind. Anderseits wird für die Fabriken und Ausrüstungen nur der Netto-Wert (Abschreibungen schon subtrahiert) verwendet. Folgerichtig wird dann bei der *output*-Größe ebenfalls nur mit den Netto-Werten gearbeitet[49].

Verbal ausgedrückt, beinhaltet diese Meßziffer: das quantitative Verhältnis zwischen den arithmetischen Indizes von *output* und *input* in der Entwicklung. Wenn daher ein technischer Fortschritt vorliegt, dann ist

$$\frac{P_i}{P_o} > \frac{A_i \cdot l_o + K_i \cdot r_o}{A_o \cdot l_o + K_o \cdot r_o}.$$

Der große Vorteil der beschriebenen Methode liegt darin, daß sie nicht nur für Globalanalysen, sondern auch bei Aufspaltung der Aggre-

---

47 Die Referenzperiode wurde hier mit i und nicht, wie sonst in der Statistik üblich, mit t bezeichnet, und zwar um Verwechslungen mit den spezifischen technischen Fortschrittskosten, I_{tf} geschrieben, auszuschließen.

48 Vgl. G. F. Bombach: Probleme der Produktivitätsmessung. A. a. O., S. 327.

49 Vgl. dazu J. W. Kendrick: Productivity Trends: Capital and Labor. A. a. O., S. 6.

gate für mikro-ökonomische Untersuchungen angewandt werden kann. Es gibt ja innerhalb der verschiedenen Wirtschaftszweige und Industrien unterschiedliche Einheitskosten und Produktpreise, rasch ändernde *output*-Raten und dazu noch einen sehr differenzierten Einsatz der produktiven Kräfte und Hilfsmittel. Die Gründe für diese Entwicklung liegen auf der Hand. Einmal ist ein unterschiedliches Wachstum der pro Wirtschaftsbereich verfügbaren *input*-Faktoren festzustellen. Und zum andern schwanken der Ausnutzungsgrad der Kapazitäten und die Steigerungsrate des technischen Fortschritts. Dadurch werden im Endeffekt auch die Steigerungsraten der Mikro-Produktivitäten, d. h. die Effizienz der Umwandlung der *input*-Faktoren in Produkte, von Bereich zu Bereich verschieden sein.

Somit lassen sich innerhalb der Volkswirtschaft verschiedene Fortschrittsraten (Produktivitätsraten) nachweisen. Nach der Untersuchung der "Long Period Rates of Changes, 1899—1953" für die USA ergeben sich für 33 Industriegruppen als durchschnittliche jährliche Steigerungsraten der Totalproduktivität innerhalb der Privatwirtschaft folgende Extremwerte:

Braunkohlenbergbau	+0,6 % min.
Elektrizitätswerke	+5,3 % max.[50]

Diese verhältnismäßig große Differenz der Produktivitätszunahme über eine so lange Periode hinweg zeigt die Bedeutung für weitere Forschung und statistische Verifikation dieser Entwicklungstendenzen auch für die schweizerische Volkswirtschaft.

Die angegebenen *basisgewichteten* Indizes vom Laspeyres-Typ dienen am besten zur Darstellung langfristiger Entwicklungsvorgänge, wobei allerdings die tiefgreifenden Strukturänderungen des Produktionsgefüges außer acht gelassen werden. Die Verwendung *referenzgewichteter* Indizes vom Paasche-Typ als retrospektives Gewichtungssystem ist weniger sinnvoll für die Analyse des langfristigen wirtschaftlichen Wachstums. Für spezielle kurzfristige Untersuchungen, sagen wir bis zu zehn Jahren, mag die rückblendende Betrachtungsweise à la Paasche noch gerechtfertigt sein.

Formel (3 a) schreibt sich dann:

$$F_{i,o} = \frac{P_i}{P_o} : \frac{A_i \cdot l_i + K_i \cdot r_i}{A_o \cdot l_i + K_o \cdot r_i}. \qquad (3\,b)$$

Ein weiterer Schritt ist nun der, den NBER-Index der Totalproduktivität zu verfeinern durch Berücksichtigung der Lern- und Fortschrittskosten (I_{tf}), wie das schon im II. Kapitel angetönt wurde. Das statistische Erfassen dieser spezifischen Investitionskosten und deren Veränderung in der Zeit — bei einer Tendenz zum Steigen infolge längerer Schul- und

[50] J. W. Kendrick: Productivity Trends: Capital and Labor. A. a. O., S. 10.

Ausbildungszeit bei umfangreicherem und vertieftem Ausbildungsstoff, zumindest was das Sachwissen anbetrifft, und größerer Schülerzahl einerseits, aber auch durch gesteigerte Grundlagen- und Verfahrensforschung von Unternehmungen und sonstigen Institutionen anderseits — ist dazu die Voraussetzung[51].

Somit ergibt sich folgende Formel:

$$F_{i,o} = \frac{P_i}{P_o} : \frac{A_i \cdot l_o + K_i \cdot r_o + I_{tf,i}}{A_o \cdot l_o + K_o \cdot r_o + I_{tf,o}}. \quad (4)$$

Im Gegensatz zur Gl. (3) bzw. (3 a) enthält jetzt bei Gl. (4) der zweite Quotient rechts die quantitative und *qualitative* Entwicklung des aggregierten Faktoreinsatzes. Qualitativ ist hier so zu verstehen, daß auf lange Sicht durch vermehrte Ausbreitung des bekannten technischen Wissens der Arbeitsfaktor und auch der Kapitalfaktor verbessert wird, was die mögliche Ausbringung pro Leistungseinheit anbetrifft. Anderseits bewirkt der gesteigerte Aufwand an Forschungskosten einen weiteren Sprung nach vorn, d. h. durch neue Erfindungen wird es möglich, neue, kostengünstigere Produktionsfunktionen durchzuführen. Die Restwertkomponente F wird dadurch begriffsmäßig und statistisch eingeengt; wir arbeiten *nicht mehr* mit der *Standardeffizienz der Produktionsfaktoren* innerhalb der Basisperiode, sondern *berücksichtigen* im Ansatz *langfristige Steigerungen der Effizienz,* was einen weiteren Vorteil bedeutet.

Natürlich hat die Messung der Größe I_{tf} innerhalb der gesamten Beobachtungsperiode in Währungseinheiten mit konstanter Kaufkraft zu erfolgen.

Hier erhebt sich ein weiterer Einwand. Die Fortschrittskosten der Basisperiode o können nicht in gleichem Sinne wie die Faktorkosten derselben Periode o betrachtet werden wie z. B. die Arbeitskosten, da die Fortschrittskosten viel späteren Perioden zugute kommen und dann erst die Gesamtproduktivität mit erhöhen helfen. Nach unserem Dafürhalten läßt sich diese Schwierigkeit der Preisbewertung der Fortschrittskosten auf zweierlei Arten überwinden: a) Wenn wir von der Annahme ausgehen, daß die Fortschrittskosten längstens innert acht Jahren sich wirtschaftlich auswirken werden — Ausnahmen vorbehalten —, so müssen jeweils die Fortschrittskosten $I_{tf,o-8}$ und $I_{tf,i-8}$ in unsere Formel eingesetzt werden.

Dieses Vorgehen ist aber reichlich willkürlich. Wenn wir uns dagegen sagen, daß es ja in erster Linie auf die relativen Veränderungen der

[51] Vgl. dazu, was E. Liefmann-Keil über die „statistische Erfaßbarkeit" und die „ökonomische Relevanz" dieser Investitionsart sagt. *Die einseitige, rein ökonomische Betrachtungsweise wird bewußt in Kauf genommen, um den wachstumstheoretischen Ansatz über die Verbesserung der Arbeitsqualität und letzten Endes auch der Sachkapital-Qualität neben der Steigerung des Total-output zu bestimmen.* Dieselbe: Erwerbstätigkeit, Ausbildung und wirtschaftliches Wachstum. In: Strukturwandlungen einer wachsenden Wirtschaft. Herausgegeben von Fritz Neumark. (Schriften des Vereins für Socialpolitik, N. F., Bd. 30/I.) Berlin: 1964, S. 378—440.

Fortschrittskosten im Beobachtungszeitraum ankommt, auch wenn der Produktivitätsgewinn erst in späteren Perioden zum Vorschein kommt, dann läßt sich b) der Einfachheit halber mit den jeweiligen Kosten des technischen Fortschritts der Basis- und der Referenzperiode rechnen.

Eine weitere Möglichkeit, die technischen Fortschrittskosten ähnlich wie beim Realkapital mit einer durchschnittlichen Ertragsrate von sagen wir 2 % zu gewichten, erscheint uns als nicht sinnvoll, solange wir so wenig gesicherte Informationen über die Wirkungen des technischen Fortschritts besitzen.

Der vorher genannte zusammengesetzte Index (4) weist neben den *Strömungsgrößen* für Netto-*output* P, Arbeitsfaktor A (in Stunden) und Lern- und Fortschrittskosten I_{tf} die *Bestandsgröße* Realkapital K auf. Um diesen Mangel an Einheitlichkeit zu bereinigen — um nur mit Strömungsgrößen zu arbeiten —, eliminieren wir K und erhalten dann folgenden Indextypus:

$$F_{i,o} = \frac{P_i}{P_o} : \frac{A_i \cdot l_o + I_{tf,i}}{A_o \cdot l_o + I_{tf,o}}. \qquad (5)$$

Dadurch aber, daß wir auf die Messung des *gesamten* Faktoraufwands verzichteten, wird die Rate $F_{i,o}$ offensichtlich etwas *höher* ausgewiesen, als das im Index (4), der Messung des Total-*input*, der Fall war. Jedoch steigt die Steigerungsrate nicht so hoch wie die Maßzahl der reinen Arbeitsproduktivität ohne Berücksichtigung der Lern- und Fortschrittskosten[52]. Gegen die Verwendung der obigen Indexzahl nach Gl. (5) spricht neben den zu hohen Resultaten für die Fortschrittsrate, daß die Veränderungen der Ausnutzung des Realkapitals auf der *input*-Seite abstrahiert bleiben.

Eine wichtige Relation wird in der Gl. (4) zwar auch nicht erwähnt, nämlich das *Verhältnis von Kapitalkoeffizient zum Ausnutzungsgrad der Anlagekapazitäten.* Die Schlüsselfrage liegt darin: Wie kann der Ausnutzungsgrad berücksichtigt werden, ohne daß der theoretische Ansatz zu kompliziert wird und für die praktischen groben Schätzungsrechnungen bei den bekannten Mängeln unseres statistischen Quellenmaterials wenig sinnvoll wird?

Der Mitarbeiter des Deutschen Institutes für Wirtschaftsforschung R. Krengel stellt zur Lösung dieser Frage eine recht brauchbare Arbeitshypothese auf: Die makro-ökonomischen Koeffizienten der Kapazitätsausnutzung sind unbekannt. Jedoch sind uns die Kapitalkoeffizienten bekannt, und wir wissen auch auf Grund verschiedener Studien, daß eine gewisse Konstanz der durchschnittlichen Kapitalkoeffizienten gegeben ist. Davon ausgehend, läßt sich die Veränderung des Ausnutzungsgrades entsprechend der folgenden Übersicht ermitteln[53]:

---

[52] Arbeitsproduktivität

$$\lambda_a = \frac{P_i}{P_o} : \frac{A_i \cdot l_o}{A_o \cdot l_o}.$$

[53] R. Krengel: Wachstumskomponenten der westdeutschen Industrie. KPo., 1959, Heft 1, S. 12 f.

Tabelle 7. Berechnung von Ausnutzungskoeffizienten der westdeutschen Industrie ohne Berücksichtigung von Strukturveränderungen des Kapitalkoeffizienten

Jahr	Kapitalkoeffizient 1955 (a)	Jeweiliger Kapitalkoeffizient (b)	Ausnutzungsgrad (a) : (b)
1950	1,054	1,344	78,4
1951	1,054	1,193	88,4
1952	1,054	1,191	88,5
1953	1,054	1,154	91,3
1954	1,054	1,111	94,9
1955	*1,054*	*1,054*	*100,0*
1956	1,054	1,066	98,9
1957	1,054	1,095	96,3

Im Jahre 1955 war der Kapitalkoeffizient am niedrigsten und damit der Ausnutzungsgrad am höchsten. Auf Grund dieses Basisjahres wurden die Veränderungen der Kapazitätsausnutzung berechnet. *Sinkt der Kapitalkoeffizient, so steigt der Ausnutzungsgrad und umgekehrt.* Folglich können wir die Korrektur der Formel (4) vornehmen, indem wir die Veränderungen des Ausnutzungskoeffizienten N miteinbeziehen.

Da sich $N_{o,i}$ in reziproker Weise zu $K_{o,i}/P_{o,i}$ ändert, gilt die Gleichung:

$$F_{i,o} = \frac{P_i}{P_o} : \left(\frac{A_i \cdot l_o + K_i \cdot r_o + I_{tf,i}}{A_o \cdot l_o + K_o \cdot r_o + I_{tf,o}} : \frac{N_i}{N_o} \right). \qquad (6)$$

Der entscheidende Vorteil des obgenannten Indexbegriffes besteht darin, daß die Annahme einer gleichmäßigen Auslastung der Kapazitäten eliminiert wird. Es leistet nur die ausgenutzte Anlagekapazität einen Beitrag zur Erstellung des gesamten Ausbringungsprodukts, und dabei stehen uns keine gesamtwirtschaftlichen Daten über den Ausnutzungsgrad direkt zur Verfügung. Durch die gesamte indirekte Methode wird jedoch ein Weg aufgezeigt, wie die Schwankungen des Ausnutzungsgrades auf indirekte Weise größenmäßig relativ erfaßt werden können, wobei N_i/N_o das Verhältnis der Ausnutzungsgrade angibt, bezogen auf das Jahr n innerhalb des Beobachtungszeitraums, das Jahr mit dem niedrigsten Kapitalkoeffizienten und einem angenommenen Ausnutzungsgrad von 100 %.

Ein Element fehlt jetzt noch in obiger Betrachtung, und das ist die *Strukturkomponente.* Ohne Zweifel besteht eine große Streuung in der Höhe der Rate des technischen Fortschritts (des Restpostens der Wachstumsrate) von Bereich zu Bereich. Sehr gestreut sind aber auch die Kapitalkoeffizienten, die Ausnutzungskoeffizienten und die Kapitalintensitäten innerhalb der verschiedenen Einzelbereiche, und überdies schwanken diese Größen pro Bereich in der Zeitfolge erheblich. Gründe für diese Variationen sind darin zu suchen, daß die Fortschrittsraten, Kapitaleinsatzmengen und Ausnutzung, die Anzahl der Arbeitskräfte relativ verschieden groß sind und sich auch ungleichmäßig verändern. Außerdem wandern die Arbeitskräfte von einem Bereich zum andern, im allgemeinen in Bereiche mit höherer Wertschöpfung pro Kopf. Ein Teil der Produktivitätssteigerung ist aus diesem Grunde allein auf den Strukturfaktor zurückzuführen. Reuss nennt *zwei* Ursachen der Steigerung der totalen Mengenproduktivität:

„Einmal kann die Produktivität *innerhalb* der einzelnen Prozesse [Bereiche] ansteigen. Zum andern aber können auch die Anteile von Prozessen oder Sektoren mit relativ hohem Produktivitätsniveau an der gesamten Beschäftigung oder am gesamten *output* zunehmen."[54] Diese Merkmale des „Struktureffekts" gilt es nun auszusondern aus der Steigerungsrate der Totalproduktivität. Die bisherige Annahme, daß die gesamte Volkswirtschaft oder die gesamte Industrie eines Landes eine *homogene Produktionseinheit* verkörpert, entspricht deshalb nicht der Wirklichkeit. Zwar führt dieses Vorgehen auch nach der Meinung von Krengel zu „etwas groben, aber doch brauchbaren Ergebnissen"[55].

Um daher das Strukturproblem eingehender studieren zu können, ist die Volkswirtschaft bzw. die Industrie zu untergliedern nach Bereichen und wenn möglich noch weiter nach Betriebsgrößen-Gruppen innerhalb eines bestimmten Wirtschaftbereiches. Die Messungsmethode an sich bleibt dieselbe. Zunächst sind die Veränderungen von Kapitalkoeffizient und Ausnutzungskoeffizient pro Bereich bzw. Teilbereich festzustellen. Nachher kann mit Hilfe von Formel (6) die Fortschrittsrate pro Bereich berechnet und so das Ergebnis verfeinert werden. Um nun die Ergebnisse dieser verbesserten Messungsmethode zusammenzufassen und mit dem Endergebnis der Globalmethode vergleichen zu können, sind die Einzelergebnisse am Schluß durch eine Mittelwertberechnung in einem Ausdruck darzustellen[56].

Nehmen wir an, die Volkswirtschaft werde in zehn Bereiche aufgegliedert. Dann ist die Fortschrittsrate für den Bereich 1:

$$F_{i,o}{}^1 = \frac{P_i{}^1}{P_o{}^1} : \left(\frac{A_i{}^1 \cdot l_o{}^1 + K_i{}^1 \cdot r_o{}^1 + I_{tf,i}{}^1}{A_o{}^1 \cdot l_o{}^1 + K_o{}^1 \cdot r_o{}^1 + I_{tf,o}{}^1} : \frac{N_i{}^1}{N_o{}^1} \right). \tag{7}$$

Das heißt, die Fortschrittsrate pro Wirtschaftsbereich in dessen Gesamtheit wird durch die quantitative Relation der gewogenen arithmeti-

---

[54] Vgl. dazu G. E. Reuss: Produktivitätsanalyse. Basel—Tübingen: 1960, S. 107 und 121 ff.

Ferner H. Riese: Strukturprobleme des wirtschaftlichen Wachstums — (Series A: No. 25, Basle Centre for Economic and Financial Research.) Basel: 1959, S. 4 —, der auf die Tatsache hinweist, daß selbst dann, „wenn in den einzelnen Sektoren keine Produktivitätsänderung stattfinden sollte, Strukturänderungen doch einen Einfluß auf die Gesamtproduktivität haben".

[55] Siehe R. Krengel: Wachstumskomponenten der westdeutschen Industrie. A. a. O., S. 13.

[56] In einer neueren Studie untersucht Kendrick die Produktivitätsentwicklung in der Landwirtschaft der USA gegenüber der Entwicklung anderer Wirtschaftsbereiche. J. W. Kendrick: Productivity Trends in Agriculture and Industry. JFE *40* (1958), S. 1554—1567.

schen Indizes von Netto-Ausbringungs- und Einsatzmengen des jeweiligen Bereichs ausgedrückt. Dabei wird bei den Ausstoßmengen $\sum\limits_{1}^{10} P$ ausdrücklich auf die Netto-Produktionswerte abgestellt, um neben den Abschreibungen die gelieferten Vorleistungen aus anderen Bereichen auszuschalten und Doppelzählungen zu verhindern. Als Gewichte für den Arbeits- und Kapitalfaktor dienen die jeweiligen Durchschnittslöhne bzw. durchschnittlichen Ertragsraten im betreffenden Bereich. Ebenfalls sind die Lern- und Forschungskosten und der Ausnutzungsgrad gesondert pro Bereich zu erfassen. Auf diese Weise erhalten wir die gewünschten Feinwerte pro Einzelbereich.

Soll nun eine *durchschnittliche Fortschrittsrate* für die gesamte Volkswirtschaft ermittelt werden, so ist für die Berechnung des Mittelwerts ein „lagebestimmter Durchschnitt" wie der Zentralwert (Median) am repräsentativsten nach unserer Ansicht[57].

$$F_{i,o}{}^{1\to 10} = M_e = \frac{n+1}{2} = \frac{10+1}{2}. \tag{8}$$

Der gesuchte Durchschnittswert befindet sich also zwischen dem fünften und sechsten Glied in aufsteigender Reihenfolge geordnet. Der Vergleich zwischen den durch die Gln. (7) und (8) ermittelten Fortschrittsrate und jener direkt global berechneten Rate nach Formel (6) zeigt dann deutlich den Einfluß der strukturellen Gliederung im Verhältnis zur „bereinigten" Fortschrittsrate. Eine Verbesserung des Verfahrens zur Errechnung der „durchschnittlichen Fortschrittsrate" besteht darin, daß *die Fortschrittsraten der einzelnen Bereiche mit dem jeweiligen Anteil (W') an der Gesamtwertschöpfung (in Prozent) gewichtet werden.*

$$\begin{array}{l} F_{i,o}{}^{1} \cdot W^{1} = X^{1} \\ \ldots \quad \ldots \quad \ldots \\ F_{i,o}{}^{10} \cdot W^{10} = X^{10} \\ \hline F_{i,o}{}^{1\to 10} = \dfrac{\Sigma X^{1\to 10}}{\Sigma W^{1\to 10}} \end{array} \tag{9}$$

Definitionsgemäß ist dann die Fortschrittsrate der Gesamtwirtschaft *die Summe der gewogenen Fortschrittsraten der Einzelbereiche, wobei als Gewichtungsskala der jeweilige Anteil der Wertschöpfung des einzelnen Bereiches an der Gesamt-Wertschöpfung der Volkswirtschaft dient.*

Die Ergebnisse der beiden Verfahren (8) und (9) weisen aber keine großen Differenzen auf. Dies soll an folgendem Beispiel erläutert werden.

---

[57] Weil das Fehlerfeld beim statistischen Grundmaterial reichlich weit gesteckt ist, wird auf die Anwendung von „genaueren" errechneten Mittelwerten, wie z. B. das arithmetische oder sogar das geometrische Mittel, zunächst verzichtet.

Nehmen wir an, die Volkswirtschaft werde nur in vier Bereiche aufgegliedert. Die Resultate für die Fortschrittsrate seien:

$$F_{i,o}^{1} = 1{,}0,$$
$$F_{i,o}^{2} = 1{,}6,$$
$$F_{i,o}^{3} = 1{,}2,$$
$$F_{i,o}^{4} = 0{,}8,$$

Dann ist nach Formel (8) $F_{i,o}^{1 \to 4} = \mathit{1{,}1}$.

Werden nun die Gewichte für die Wertschöpfung der Bereiche eingeführt, so erhalten wir:

$$\begin{array}{l} F_{i,o}^{1} \,.\, W^{1} = 1{,}0 \,.\, 12 \;=\; 12{,}0 \\ F_{i,o}^{2} \,.\, W^{2} = 1{,}6 \,.\, 45 \;=\; 72{,}0 \\ F_{i,o}^{3} \,.\, W^{3} = 1{,}2 \,.\, 27 \;=\; 32{,}4 \\ F_{i,o}^{4} \,.\, W^{4} = 0{,}8 \,.\, \underline{16} \;=\; 12{,}8 \\ \qquad\qquad\quad (100\,\%) \\ \hline F_{i,o}^{1 \to 4} \text{ nach Gl. (9)} - 129{,}2 : 100 = \mathit{1{,}3} \end{array}$$

Beim ersten Verfahren ergibt sich eine durchschnittliche Fortschrittsrate von 1,1 und beim letzteren eine Rate von 1,3 Prozent. Die Resultate weichen also nur geringfügig voneinander ab. Dabei ist im obigen Beispiel ein großer Bereich (2) mit hohem Anteil der Wertschöpfung (45 %) und hoher Fortschrittsrate (1,6 %) angenommen worden.

Bis jetzt wurde aber *nicht* die Größe der strukturellen Veränderung im Zeitpfad der wachsenden Volkswirtschaft gemessen. Unsere vorher erläuterten Meßmethoden ergeben nur eine durchschnittliche Fortschrittsrate, ermittelt auf Grund der strukturellen Verhältnisse der Basisperiode. Diese spezifischen Einflüsse des Strukturfaktors innerhalb einer längerfristigen Berichtsperiode gilt es daher gesondert auszugliedern. Sind doch die Strukturwandlungen Begleiterscheinungen und sogar Vorbedingungen für jedes Wirtschaftswachstum.

Ausgehend vom *statistischen Konzept* der Strukturwandlungen, das heißt, die Berechnung von Gliederungszahlen aus einer statistischen Masse und deren zeitliche Varianz, lassen sich die Fortschritte der gesamtwirtschaftlichen Produktivität aufteilen in die Produktivitätsfortschritte pro Einzelbereich und die Wanderungen von Arbeit und Kapital in Bereiche mit höherer Wertschöpfung aus Bereichen mit niedrigerer Wertschöpfung oder umgekehrt. Gerade letztere Produktivitätsänderungen auf Gund der Faktorwanderungen in einer dynamischen Volkswirtschaft sind dem Strukturfaktor zuzurechnen. Jene Aufspaltung des Produktivitätsfortschritts kann mittels zweier verschiedener Methoden durchgeführt werden:

a) *multiplikatives Verfahren* für die Änderungen der Gesamtwerte;

b) *additives Verfahren* für die relativen (prozentualen) Änderungen.

In der ganzen bisherigen Betrachtung wurde der technische Fortschritt — auch die Lern- und Fortschrittskosten I_{tf} — als mehr oder weniger *unabhängige* Variable behandelt. Dieser technische Fortschritt beeinflußt nun die strukturellen Verschiebungen, den Faktoreinsatz von Arbeit und Realkapital pro Bereich und ebenfalls die Kapitalintensität. Als primär sind deswegen die Änderungen des *input* an Produktionsfaktoren zu betrachten, und davon können die Änderungen des Total-*output* abgeleitet werden[58].

Nun können die strukturellen Veränderungen bezogen werden:

1. auf den *Arbeitsfaktor* im Sinne eines „Wanderungseffekts" der Erwerbstätigen von Bereich zu Bereich;

2. auf den *Kapitalfaktor* im Sinne eines „materiellen Einsatz-Strukureffekts" infolge von absoluten und relativen Verlagerungen des Realkapitals von Bereich zu Bereich.

Die genannten beiden Entwicklungsphänomene einer wachsenden Volkswirtschaft können gleichzeitig miteinander vor sich gehen, sie müssen es aber nicht. Sehr vielfältig sind die Gesichtspunkte für die Vornahme der Aufteilung einer Volkswirtschaft in die einzelnen Bereiche. Und außerdem sind in der Praxis die Trennungslinien der Bereiche sehr schwer zu ziehen, die eindeutig festgelegt und unverändert im Zeitverlauf sein müssen. Ein solches definitorisches „Prokrustes-Bett" widerspricht im Grunde den Entwicklungstendenzen einer wachsenden Wirtschaft, ist aber für jede gründliche Strukturanalyse vonnöten. Darauf wollen wir in diesem Zusammenhang nicht näher eingehen. Jedoch steht fest, daß *eine gesteigerte Disaggregation im allgemeinen den Struktureffekt erhöht, während eine Aggregation denselben vermindert*[59]. Natürlich bestehen innerhalb eines Wirtschaftsbereiches immer noch ahomogene Aggregationsgrößen, die sich bei der mehr oder weniger willkürlichen Aufteilung nie vollständig eliminieren lassen. Das heißt mit anderen Worten, wir müssen auch mit innerbereichlichen Struktureffekten rechnen, die sich aber unserer Messungsweise entziehen.

Beginnen wir zunächst mit der Messung der strukturellen Veränderungen, bezogen auf den Arbeitsfaktor, um den Anteil der Steigerungsrate der Totalproduktivität zu isolieren, der auf diese Art von Struktureffekt zurückzuführen ist. Und gehen wir ferner von einer gegebenen *input*-Struktur der Basisperiode aus[60] — womit auch die Arbeitseinsatz-Menge strukturell fixiert ist —, so läßt sich folgendes sagen:

---

[58] Eine andere Betrachtungsweise ist diejenige, die ausgeht von den Änderungen der Nachfragestruktur (Wertschöpfung für die verschiedenen Bereiche) und daraus den Faktoreinsatz ableitet. Diese Anschauungsart ist aber im gegebenen Fall der Fortschrittsmessung irrelevant.

[59] D. Arndt weist ebenfalls auf diesen Aspekt hin: Investitionsstruktur, Angebotspotential und Gesamtnachfrage. In: Strukturwandlungen einer wachsenden Wirtschaft. A. a. O., Bd. 30/II, S, 898—934.

[60] G. E. Reuss bezeichnet nur die „Laspeyres-Formen als ökonomisch sinnvoll", da die Strukturveränderungen von einem bestimmten historischen Zeitpunkt (Jahr) aus gemessen werden sollen, um die Mengen-Ergiebigkeit des Faktor-*input* und die Entwicklungstendenzen einer wachsenden Wirtschaft in der Praxis zu verifizieren. — Derselbe, a. a. O., S. 122.

Der Arbeits-*input* im Bereich 1 in Periode $o = A_o^1$ steht in einem bestimmten Verhältnis zum gesamten Arbeits-*input* aller Bereiche $1 \rightarrow n$ in Periode o. In Symbolen ausgedrückt:

$$\frac{A_o^1}{\sum_1^n A_o} = \alpha_o^1.$$

Dieses Verhältnis lautet für den Bereich n:

$$\frac{A_o^n}{\sum_1^n A_o} = \alpha_o^n.$$

Die Summe der Strukturverhältnisse aller Bereiche, bezogen auf den Arbeits-*input* der Basisperiode, ist dann:

$$\alpha_o^1 + \alpha_o^2 + \ldots \alpha_o^n = \sum_1^n \alpha_o.$$

In ähnlicher Weise können die Strukturverhältnisse pro Bereich n beim Realkapital-Faktor bezeichnet werden:

$$\frac{K_o^n}{\sum_1^n K_o} = \beta_o^n.$$

Folglich ist die Summe der Strukturverhältnisse aller Bereiche, bezogen auf den Realkapital-*input* der Basisperiode:

$$\beta_o^1 + \beta_o^2 + \ldots \beta_o^n = \sum_1^n \beta_o.$$

Somit schreibt sich die Formel für die konstante Faktorstruktur des Arbeitsfaktors der Basisperiode folgendermaßen:

$$ST_{FAo} = \frac{\sum_1^n \frac{\alpha_i}{\alpha_o} \cdot P_o}{\sum_1^n P_o}. \tag{10 a}$$

Und diejenige für die konstante Faktorstruktur des Realkapital-Faktors der Basisperiode:

$$ST_{FKo} = \frac{\sum_1^n \frac{\beta_i}{\beta_o} \cdot P_o}{\sum_1^n P_o}. \tag{10 b}$$

ST_{FAo} = Strukturfaktor bei Konstanz der *input*-Struktur des Arbeitsfaktors Gl. (10 a);

ST_{FKo} = Strukturfaktor bei Konstanz der *input*-Struktur des Realkapital-Faktors Gl. (10b);

α_o^n = Anteil des Arbeits-*input* eines Bereiches n am gesamten Arbeitsfaktor-*input* der Basisperiode;

α_i^n = dasselbe Verhältnis des Arbeits-*input* des Bereiches n zur gesamten Arbeitseinsatzmenge, jedoch im Zeitraum der Referenzperiode;

β_o^n = Anteil des Realkapital-*input* eines Bereiches n am gesamten Realkapital-*input* der Basisperiode;

β_i^n = dasselbe Verhältnis, jedoch auf die Referenzperiode bezogen;

P_o^n = Netto-*output* pro Bereich n, zu konstanten Preisen der Basisperiode bewertet.

Früher schon wurden die beiden Methoden zur *Aufspaltung des gesamten Produktivitätszuwachses einer Volkswirtschaft* in die *Produktivitätsentwicklung einzelner Bereiche* und in den *Struktureffekt* erwähnt. Bei der multiplikativen Methode (a) erfolgt diese Aufspaltung in zwei *Faktoren* als Ausdruck zweier ökonomisch verschiedener Prozesse, wie das Reuss in klarer, einfacher Form aufgezeigt hat[61]:

$$z = x \cdot y.$$

Die Steigerungsrate der Totalproduktivität z ist das Produkt aus der multiplikativen Verbindung der internen Produktivitätsfortschritte pro Einzelbereich x und dem Strukturfaktor y. Dann werden offenbar die innerbereichlichen Produktivitätsfortschritte bestimmt durch den Quotienten aus der Totalproduktivität und dem Strukturfaktor.

$$x = \frac{z}{y}.$$

Nun gilt es in der Tat, das Prinzip der Messung des Strukturfaktors nach den multiplikativen Verfahren zu verbinden mit dem ebenfalls multiplikativen Meßverfahren der totalen Mengenproduktivität, um damit ein strukturbereinigtes Meßergebnis für den „technischen Fortschritt" zu gewinnen.

α) Elimination des Struktureffekts der Verlagerungen in der Arbeitsstruktur (Struktur der Erwerbstätigen) aus der Steigerungsrate der Totalproduktivität mittels einer Division:

$$\Phi_{FA\,i,o} = \frac{F_{i,o}^{1 \to n}}{ST_{FAo}}. \tag{11}$$

[61] G. E. Reuss, a. a. O., S. 121. — Natürlich zielen die angeführten Meßmethoden nur auf eine *quantitative* Messung der Strukturveränderungen ab. Die *qualitativen* und *inner-regionalen* (räumlichen) Strukturveränderungen werden nicht in Betracht gezogen. Jedoch ist durch den Einbau der Lern- und Forschungskosten in den Ansatz der Totalproduktivität der qualitative Aspekt bereits berücksichtigt worden (siehe Formel 8).

β) Elimination des Struktureffekts der Verlagerungen innerhalb der Realkapital-Struktur (auch unzutreffenderweise Produktionsstruktur genannt)[62]:

$$\Phi_{FK\,i,o} = \frac{F_{i,o}^{1 \to n}}{ST_{FKo}}. \tag{12}$$

Im Nenner der obigen beiden Formeln (11) und (12) stehen jeweils die Ausdrücke für eine konstante Faktorstruktur des Arbeitsfaktors der Basisperiode ST_{FAo} (Formel [10 a]) und für eine konstante Faktorstruktur des Realkapital-Faktors ST_{FKo} (Formel [10 b]). Die Quotienten als Endresultate der obigen Ansätze ergeben somit eine bereinigte Fortschrittsrate bei Elimination des Struktureffekts der Arbeit einerseits und bei Elimination des Struktureffekts des Realkapitals anderseits.

Um die gemeinsame Wirkung der zusammengesetzten Struktureffekte der Wanderung der Erwerbstätigen und der Verlagerung des Realkapitals zu erhalten, ist der totale Strukturfaktor y in y' und y'' aufzugliedern. *Dann ergibt sich nachstehende Gleichung für die vollkommen strukturbereinigte totale Mengenproduktivität als Maßfunktion des technischen Fortschritts*[63]:

$$\Phi_{(FA+FK)\,i,o} = \frac{F_{i,o}^{1 \to n}}{ST_{FAo} \cdot ST_{FKo}}. \tag{13}$$

Eine andere Möglichkeit der Messung des Struktureinflusses liegt darin, daß anstatt von einer konstanten *input*-Struktur von einer Konstanz der *output*-Struktur — genauer Wertschöpfung pro Bereich — ausgegangen wird.

Der Anteil der Wertschöpfung des Bereiches n in der Basisperiode o steht in einem bestimmten Verhältnis zur gesamten Wertschöpfung.

$$\frac{P_o^n}{\sum_1^n P_o} = \gamma_o^n.$$

In diesem Falle nimmt der Strukturfaktor, auf die Arbeit bezogen, folgende symbolisierte Form an:

$$ST_{PAo} = \frac{\sum_1^n A_o}{\sum_1^n \frac{\gamma_i}{\gamma_o} \cdot A_o}. \tag{14 a}$$

[62] Im allgemeinen versteht man unter den Produktionsstruktur-Veränderungen diejenigen Änderungen, die als Änderungsrate des Beitrags der Einzelbereiche zum Sozialprodukt, zum Produktionsergebnis, zu messen sind.

[63] Über die historischen Strukturwandlungen innerhalb des Industriebereichs und dessen Wachstum in den entwickelten Volkswirtschaften orientiert die Untersuchung von W. G. Hoffmann sehr gut: The Growth of Industrial Economies. Manchester: 1958.

Und die Gestalt für den Strukturfaktor des Realkapitals präsentiert sich entsprechend:

$$ST_{PKo} = \frac{\sum_{1}^{n} K_o}{\sum_{1}^{n} \frac{\gamma_i}{\gamma_o} \cdot K_o}. \tag{14 b}$$

Bei letzteren beiden Gln. (14 a) und (14 b) wird die Änderung der Nachfrage als der originäre oder primäre Impuls aufgefaßt und der Strukturfaktor demgemäß als Änderungsrate der Wertschöpfungsstruktur gemessen. Umgekehrt ist bei den Formeln (10 a) und (10 b) als primäres Element die Verlagerung der Faktoreinsatz-Menge angenommen, und somit ist die Änderungsrate des Faktor-*input* zu messen.

Das Vorgehen für die Elimination des Struktureffekts aus der Steigerungsrate der Totalproduktivität, um eine strukturbereinigte Fortschrittsrate zu erhalten, bleibt dasselbe wie bei den Gln. (11), (12) und (13).

γ) Totalproduktivität dividiert durch arbeitsbezogenen Strukturfaktor:

$$\Phi_{PA\,i,o} = \frac{F_{i,o}^{1 \to n}}{ST_{PAo}}. \tag{15}$$

γ) Totalproduktivität dividiert durch den arbeitsbezogenen Strukturfaktor:

$$\Phi_{PK\,i,o} = \frac{F_{i,o}^{1 \to n}}{ST_{PKo}}. \tag{16}$$

Als Endergebnis ergibt sich ähnlich Gl. (13) eine Gleichung für die vollkommen strukturbereinigte totale Mengenproduktivität:

$$\Phi_{(PA+PK)\,i,o} = \frac{F_{i,o}^{1 \to n}}{ST_{PAo} \cdot ST_{PKo}}. \tag{17}$$

Tatfrage bleibt: Welcher der beiden Strukturformeln nach L a s p e y r e s ist der Vorzug zu geben: jener, die ausgeht von einer konstanten *input*-Struktur, oder dieser, die eine konstante *output*-Struktur annimmt? — R i e s e nennt als Kriterium: diejenige Strukturänderung, die als die „abgeleitete“ betrachtet wird[64].

Wenn wir im Falle unserer Untersuchung einen nach dem statistischen Konzept zu suchenden technologischen Zusammenhang zwischen Faktoreinsatz und Produktionsergebnis nachweisen wollen, so ist der Ansatz von der Konstanz der *input*-Struktur, also die Gln. (10 a), (10 b), (11), (12) und (13), die gesuchte Lösungsmethode.

Im Gegensatz zu den bisher verwendeten, nach der multiplikativen Methode ermittelten Strukturgleichungen wird beim *additiven Verfahren* (b) die Änderungsrate der Totalproduktivität in zwei Summanden — nicht

---

[64] Vgl. H. R i e s e, a. a. O., S. 51.

in zwei Faktoren — aufgespaltet. Jedoch erhält man bei dieser additiven Umwandlung neben den beiden Summanden ein Glied zweiter Ordnung, den sogenannten *"joint effect"* der Veränderung beider Größen, und damit ergibt sich ein Zuordnungsproblem für letztere Größe. Denn dieses dritte Glied erscheint nur auf Grund der mathematischen Methode der Aufteilung und nicht infolge direkter Einflußfaktoren auf die totale Produktivitätsrate. Die drei Teilgrößen der gesamten Produktivitätsentwicklung z präsentieren sich also wie folgt: die Produktivitätsentwicklung pro Bereich x, der Strukturfaktor y und der "joint effect"

$$\frac{dx \cdot dy}{x \cdot y}.$$

In Symbolen ausgedrückt durch die infinitesimalen Änderungen der einzelnen Größen[65]:

$$\frac{dz}{z} = \frac{dx}{x} + \frac{dy}{y} + \frac{dx \cdot dy}{x \cdot y}.$$

Diese additive Methode wurde insbesondere von Fabricant und von Maddison für ihre Produktivitätsanalysen angewandt. In seiner Untersuchung über das Wachstum der kanadischen Volkswirtschaft geht Maddison von der gesamtwirtschaftlichen Arbeitsproduktivität $\Lambda = P/A$ aus[00].

$$\Lambda_{i,o} = \frac{\sum_{1}^{n} [(\Lambda_i - \Lambda_o)\, \alpha_o]}{\Lambda_o} + \frac{\sum_{1}^{n} [(\alpha_i - \alpha_o)\, \Lambda_o]}{\Lambda_o} + \frac{\sum_{1}^{n} [(\Lambda_i - \Lambda_o)(\alpha_i - \alpha_o)]}{\Lambda_o}. \tag{18}$$

Obige Gleichung ist so zu interpretieren:

---

[65] Vgl. G. E. Reuss, a. a. O., S. 125.

[66] A. Maddison: Productivity in an Expanding Economy. EJ *62* (1952), S. 587.

Früher schon konstruierte Fabricant drei verschiedene Formeln für die additive Aufspaltung des Arbeitskoeffizienten ("employment per unit of product") *A/P*, des Kehrwerts der Arbeitsproduktivität. Die erwähnten drei Gleichungen unterscheiden sich in erster Linie durch die unterschiedliche Aufteilung des *joint effect*. Einmal wird dieser Effekt dem Strukturfaktor zugeschlagen, zum andern wird er den bereichsinternen Fortschrittskomponenten zugeordnet und beim dritten Ansatz einfach symmetrisch zur Hälfte aufgeteilt. Welche der drei Formel benutzt werden soll, wird dem Belieben („Willkür") des einzelnen überlassen. Da Fabricant die strukturbereinigte Rate der Arbeitsmenge pro Produkteinheit zu messen wünscht, verwendet er zur Isolierung der Strukturveränderungen als Gewicht die Anteile der Wertschöpfungen der Einzelbereiche in der Basisperiode, z. B. $\frac{P_o^n}{\sum_1^n P_o}$. Vgl. dazu S. Fabricant: Employment in Manufacturing 1899 to 1939. NBER, New York: 1942, S. 336 f. Vgl. auch F. C. Mills: Productivity and Economic Progress. (National Bureau of Economic Research, Occasional Paper *38*.) New York: 1952, S. 31, der den *joint effect* der beiden Wachstumskomponenten ebenfalls gleichmäßig (hälftig) aufteilt.

Die gesamte Arbeitsproduktivität setzt sich zusammen oder, besser gesagt, läßt sich aufteilen: 1. in den bereichsinternen Produktivitätsfortschritt, die „eigentliche Produktivität", wie Maddison sie nennt — wir können auch *strukturbereinigte Fortschrittsrate* dazu sagen —, 2. den Strukturfaktor und 3. den *joint effect*. Ausdrücklich postuliert Maddison die Berechnung des letzteren Effekts und dessen hälftige Aufteilung auf die beiden andern Komponenten. Für diese *salomonische Lösung* der Frage der Zuordnung gibt er keine Begründung. Es gibt aber auch in der Theorie kein objektives Kriterium dafür.

Für seine praktische Arbeit dagegen benutzt Maddison eine Gleichung, bei welcher der *joint effect* asymmetrisch aufgeteilt ist, und zwar wegen des Fehlens der Produktivitätsreihen für die Einzelbereiche in seinem statistischen Quellenmaterial. Somit wird Gl. (18) wie folgt korrigiert:

$$\Lambda_{i,o} = \frac{\sum_{1}^{n} [(\Lambda_i - \Lambda_o)\, \alpha_o]}{\Lambda_o} + \frac{\sum_{1}^{n} [(\alpha_i - \alpha_o)\, \Lambda_i]}{\Lambda_o}. \tag{19}$$

Hierbei wird der *joint effect* der zweiten Komponente, dem Strukturfaktor, zugeschlagen. Die *strukturbereinigte Fortschrittsrate* schreibt sich demnach:

$$\Phi_{FAi,o} = \frac{\sum_{1}^{n} [(\Lambda_i - \Lambda_o)\, \alpha_o]}{\Lambda_o} = \Lambda_{i,o} - \frac{\sum_{1}^{n} [(\alpha_i - \alpha_o)\, \Lambda_i]}{\Lambda_o}. \tag{20}$$

Der Strukturfaktor ist bei beiden Verfahren *ex definitione* identisch, jedoch ist die Größe der bereichsinternen Rate der Produktivitätssteigerung je nach Methode verschieden infolge des unterschiedlichen Gewichtungssystems[67]. Ist das System der Gewichte bei der additiven Verbindung verhältnismäßig einfach und erfolgt mittels des Anteils der Faktor-Einsatzmenge oder der Wertschöpfung pro Bereich in der Basisperiode, so wird bei der multiplikativen Verbindung als zusätzliches Gewicht die Strukturänderung des Faktoreinsatzes oder der Wertschöpfung pro Einzelbereich eingesetzt.

$$\frac{A_o^1}{\sum_{1}^{n} A_o} + \frac{A_o^2}{\sum_{1}^{n} A_o} + \frac{A_o^3}{\sum_{1}^{n} A_o} + \cdots \frac{A_o^n}{\sum_{1}^{n} A_o} = \sum_{1}^{n} \alpha_o =$$

= Summe der Anteile der Arbeits-Einsatzmengen pro Bereich in der Basisperiode

$$\frac{P_o^1}{\sum_{1}^{n} P_o} + \frac{P_o^2}{\sum_{1}^{n} P_o} + \frac{P_o^3}{\sum_{1}^{n} P_o} + \cdots \frac{P_o^n}{\sum_{1}^{n} P_o} = \sum_{1}^{n} \gamma_o =$$

= Summe der Anteile der Wertschöpfungen der einzelnen Bereiche in der Basisperiode

---

[67] Natürlich ergeben sich weitere Unterschiede je nach Aufteilung des *joint effect*.

$$\frac{a_i^1}{a_0^1}+\frac{a_i^2}{a_0^2}+\frac{a_i^3}{a_0^3}+\cdots\frac{a_i^n}{a_0^n}=\sum_1^n\frac{a_i}{a_o}=$$

= Summe der Strukturänderungen des Arbeitsfaktors der Einzelbereiche

$$\frac{P_i^1}{P_0^1}+\frac{P_i^2}{P_0^2}+\frac{P_i^3}{P_0^3}+\cdots\frac{P_i^n}{P_0^n}=\sum_1^n\frac{P_i}{P_o}=$$

= Summe der Strukturänderungen der Wertschöpfung der Einzelbereiche

Der Vorteil des multiplikativen Verfahrens für Strukturuntersuchungen liegt darin, daß das Aufteilungsproblem des *joint effect* entfällt. Da die Messung der totalen Mengenproduktivität ebenfalls auf dem multiplikativen Prinzip beruht, kann die Berechnung einer strukturbereinigten (bereichsinternen) Fortschrittsrate ohne weiteres durchgeführt werden. Diese läßt sich definitorisch bestimmen als Quotient aus der Steigerungsrate der Totalproduktivität dividiert durch den Strukturfaktor, wobei letzterer bezogen wird auf die Faktoreinsatzmenge bei konstanter *input*-Struktur der Basisperiode. Die Veränderung der Variablen in der Zeit wird dabei durch Indexreihen und nicht durch Wachstumsraten wie bei der additiven Methode dargestellt[68].

Zwar sind die beiden Methoden zur Messung des Struktureffekts, a) das „multiplikative" und b) das „additive" Verfahren, keineswegs grundverschieden, wie das auf den ersten Anblick aussieht, sondern eng miteinander verwandt[69]. Der Unterschied liegt nur darin, daß beim „multiplikativen Verfahren" *die neuen Gesamtwerte,* d. h. die Summen von Ausgangs- und Veränderungswerten, und beim „additiven Verfahren" *nur die Veränderungen* allein miteinander in Beziehung gebracht werden. Das läßt sich leicht nachweisen an Hand unserer vereinfachenden Gleichungen:

a) $$\frac{z+dz}{z}=1+\frac{dz}{z}=1+\left(\frac{dx}{x}+\frac{dy}{y}+\frac{dx\,.\,dy}{x\,.\,y}\right)=\left(\frac{x+dx}{x}\right).\left(\frac{y+dy}{y}\right).$$

b) $$\frac{dz}{z}=\frac{dx}{x}+\frac{dy}{y}+\frac{dx\,.\,dy}{x\,.\,y}.$$

Wie aus der Umformung von a) in

$$1+\left(\frac{dx}{x}+\frac{dy}{y}+\frac{dx\,.\,dy}{x\,.\,y}\right)$$

ersichtlich wird, ist auch in diesem Falle der *joint effect* inbegriffen.

[68] Sowohl Siegel als auch später Bombach haben den auf der multiplikativen Verknüpfung beruhenden Ansatz des Strukturfaktors verwendet. Zwar untersucht Siegel zunächst den Arbeitskoeffizienten, den reziproken Wert der Arbeitsproduktivität, um nachher über den Kehrwert ebenfalls einen Index der Arbeitsproduktivität und die Strukturveränderung des Arbeitsfaktors zu ermitteln. J. H. Siegel: Concepts and Measurement of Production and Productivity U. S. Department of Labor, Washington: 1952.

G. Bombach: Quantitative and monetäre Aspekte des Wirtschaftswachstums. A. a. O., speziell S. 219 f.

[69] Diesen Hinweis verdanke ich Herrn Kollegen Prof. J. Niehans.

Jedoch läßt er sich hier zur Freude des Statistikers durch weiteres Umwandeln der Gleichung eliminieren. Damit fällt das Entscheidungsproblem weg, wie der *joint effect* aufzuteilen ist, sei es auf die bereichsinterne Gesamt-Produktivität oder sei es auf den Struktureffekt oder auf beide. Aus diesem Grunde scheint es angemessen, ausdrücklich zwei verschiedene und trotzdem eng verwandte Methoden zur Messung des Strukturfaktors zu unterscheiden.

Dagegen ist die makro-ökonomische Messung des technischen Fortschritts durch Verwendung quantitativer globaler *technischer* Produktivitätszahlen zum Scheitern verurteilt. Ohne Zweifel lassen sich bei manchen Produktionsprozessen in verschiedenen Wirtschaftsbereichen direkte physikalische Beziehungen zwischen Realkapital — inklusive Rohstoff-*input* — und -*output* bestimmen. Der Arbeitsfaktor ist bei der Mehrzahl dieser Prozesse von geringerer Bedeutung als die Einsatzgröße des Realkapitals. Ein Beispiel dafür wäre die Crack-Anlage einer Erdölraffinerie. Durch Variation der Einsatzmenge an fixem Realkapital und an Erdöl kann über die Prozeß-Steuerung der quantitative Ausstoß an Benzin, Heizöl und Schweröl festgelegt werden. Wird jetzt eine neue verbesserte Crack-Anlage mit größeren Investitionskosten aufgebaut[70], so unter der Voraussetzung, daß das Verhältnis von Einsatz- zu Ausstoßmengen bedeutend verbessert wird. Die Preise auf dem Markt der Erdölderivate sind aber keine Gleichgewichtspreise, sondern unterliegen monopolistischen, ja sogar steuerlichen Einflüssen wie z. B. in Westdeutschland. Somit beeinflußt die Preiskomponente wiederum die Ausstoßmenge. Der Aussagewert von technischen Indizes für die Erdölindustrie ist deswegen gering, weil die entscheidende Nachfrageseite nicht in Betracht gezogen wird.

Am besten verwendbar von allen technischen Produktivitätsrelationen scheinen noch die Indizes über den *totalen Energieverbrauch* zu sein. Der Verbrauch verschiedener Energiearten kann ohne weiteres mittels Umwandlungskoeffizienten auf ein Einheitsmaß, z. B. die Elektrizitätseinheit in Kilowattstunden, gebracht werden. Das Beobachten der Ströme der Energietransformation scheint von rein technischen Gesichtspunkten aus sehr interessant zu sein. Sagoroff schlägt beispielsweise vor, für die einzelnen Produktionszweige „energetische Wirkungsgrade" als Quotienten von Nutzen- und Rohenergie zu berechnen. Die „reelle Matrix" der strukturellen Wirkungsgrade könnte dann als gesamtwirtschaftliches Maß des technischen Fortschritts dienen[71]. Keine Berücksichtigung findet dabei

---

[70] D. h. eine „neue" Produktionsfunktion wird durchgesetzt oder es findet eine Niveauverschiebung der Produktionsfunktion statt, nach einer Begriffsprägung von Bombach. — Derselbe: Über die Problematik von Wachstumsprognosen. In: Festschrift für Johan Åkerman: Money, Growth, and Methodology. A. a. O., S. 9.

[71] S. Sagoroff: Die energetische Struktur der Volkswirtschaft. Anwendung der Matrizenrechnung in der volkswirtschaftlichen Energetik. ZfN *19* (1959), S. 363—369. Derselbe: Über volkswirtschaftliche Energiebilanzen. ZfN *18* (1958), S. 377—383. Zwar wird die Energie zumindest zu ganz ver-

aber der Faktor Arbeit. Das kombinierte Zusammenwirken von Arbeit und Kapital bleibt ausgeschlossen. Das ist schon der Hauptgrund für die Ablehnung dieser Meßziffern. Ferner vernachlässigt diese Methode die Qualitätsänderungen und unter Umständen auch die Änderungen des Ausnutzungsgrades. Aus diesen Gründen erscheint das Diktum berechtigt, daß die *rein technischen globalen Produktivitätsindizes für die Messung des technischen Fortschritts als einer der makro-ökonomischen Wachstumskomponenten und dessen Anteil an der Gesamtwachstumsrate unbrauchbar sind*[72].

2. Cobb-Douglas-Produktionsfunktion und deren Weiterentwicklung

Ein anderer Ansatz zur Bestimmung der Restwertkomponenten wählt als Ausgangspunkt die bekannte makro-ökonomische Produktionsfunktion von Cobb-Douglas. Die verbesserte Form, wie sie von Douglas in seinem Standardwerk, der *Theory of Wages,* verwendet wurde, hat folgendes Aussehen[73]:

$$P = b \,.\, A^m \,.\, K^n, \tag{21}$$

logarithmisch geschrieben in Form eines Regressionsansatzes:

$$\log P = \log b + m \log A + n \log K, \tag{21 a}$$

---

schiedenen Zwecken verwendet, einmal als Antriebsenergie, zum andern als Wärmeenergie und zur Auslösung von chemischen Reaktionen bei metallurgischen und chemischen Prozessen.

Vgl. ferner: A. Ghanie Ghaussy: Die Rolle des Energiesektors in der Entwicklungspolitik. Köln und Opladen: 1960.

[72] Siehe auch C. F. Carter, W. B. Reddaway and R. Stone: The Measurement of Production Movements. Cambridge (England): 1948, S. 29 f., die auf die Schwierigkeiten und Fehlermöglichkeiten beim Aufstellen *„physikalischer* Reihen“ hinweisen.

[73] P. H. Douglas: The Theory of Wages. New York: 1934. Und in einer früheren Veröffentlichung von C. W. Cobb and P. H. Douglas: A Theory of Production. AER *18* (1928), Suppl., S. 139–165. — Derselbe: Are there Laws of Production? AER *38* (1948), S. 1–41. Die ursprüngliche Formel $P = b A^m K^{1-m}$ änderte Douglas auf Grund der Kritik von D. Durand (1937) ab, um den Exponenten für K (n) *unabhängig* vom Exponenten der Arbeit (m) zu bestimmen. Nur auf diesem Wege läßt sich die Prämisse der *constant returns* $(m + n = 1)$ einer linearen homogenen Funktion ersten Grades, entsprechend dem Eulerschen Theorem, empirisch beweisen. Vgl. D. Durand: Some Thoughts on Marginal Productivity with Special Reference to Professor Douglas' Analysis. JPE *45* (1937), S. 740–758.

Siehe auch E. Streissler: Die volkwirtschaftliche Produktionsfunktion. ZFN *19* (1959), S. 86–162.

Ja schon Wicksell kannte und benützte die obengenannte Produktionsfunktion. Vgl. Wicksell: Über Wert, Kapital und Rente. Jena: 1898. Derselbe: Vorlesungen über die Nationalökonomie auf der Grundlage des Marginalprinzips. I, Jena 1913, S. 187.

b = multiplikative Konstante,

m = Produktionselastizität der Arbeit,

n = Produktionselastizität des Kapitals, wobei die Bedingungen vorherrschen:

$$o < m < 1$$

und

$$o < n < 1.$$

Die wichtigste Annahme, die in diese Produktionsfunktion hineingesteckt wird, ist jene, daß die totale Produktionselastizität $m + n = 1$ ist. Mit andern Worten heißt das, daß das Niveaugrenzprodukt konstant ist und verteilungsmäßig ausgeschöpft wird, wobei unbegrenzte Substitutionselastizität der Produktionsfaktoren auf makro-ökonomischer Ebene vorausgesetzt wird. Ist die Substitutionselastizität des Kapitals zur Arbeit größer als eins, so wächst der relative Einkommensanteil des Kapitals bei steigender Investition; und umgekehrt, bei einem Wert der Substitutionselastizität von kleiner als eins sinkt der relative Anteil des Kapitalfaktors bei weiteren Investitionen.

Weitere bedeutsame Annahmen für diese makro-ökonomisch gedachte Cobb-Douglas-Produktionsfunktion sind:

Die Marktform der vollkommenen Konkurrenz ist vorherrschend auf den Beschaffungs- und Absatzmärkten; ein einheitlicher Lohn- und Zinssatz muß gegeben sein; ein maximales Gewinnstreben der Unternehmer wird vorausgesetzt; das Gesetz des abnehmenden Ertragszuwachses besitzt seine Gültigkeit; die Leistungsintensität für den Arbeits- und den Kapitalfaktor ist gleichbleibend; und endlich: die Menge des umlaufenden Kapitals *(working capital)* bleibt ebenfalls konstant im Verhältnis zum stehenden Kapital, dem Anlagevermögen *(fixed capital)*.

Letztere Annahme gilt dann, wenn für die Variable Realkapital K als repräsentative Größe das Anlagevermögen in einer Volkswirtschaft eingesetzt wird, wie das ja auch bei den meisten statistischen Untersuchungen der Fall ist.

Außerdem ist mit λ der Faktor zu benennen, der die Höhe des Prozeßniveaus angibt und eine positive Zahl darstellt. Dieses λ ist offenbar der Faktor, mit dem wir uns die minimalen Produktionseinsätze zur Erzeugung einer Mengeneinheit des Endprodukts oder einer Mindestausbringungsmenge an Endprodukten multipliziert denken können. Wenn sich die Zusammensetzung des ursprünglichen Faktorpakets nicht ändert, jedoch λmal mehr solche Faktorpakete eingesetzt werden, so entsteht die Produktionsfunktion:

$$P_1 = b \,.\, (A_o \,.\, \lambda)^m \,.\, (K_o \,.\, \lambda)^n \qquad (21\,b)$$

oder

$$P_1 = b \,.\, \lambda^{m+n} \,.\, A_o^m \,.\, K_o^n.$$

Alsdann lassen sich folgende Bedingungen aufstellen und in nachfolgender Abbildung veranschaulichen; wobei für die totale Produktionselastität ($q = m + n$) *drei* verschiedene Verlaufsarten angenommen werden:

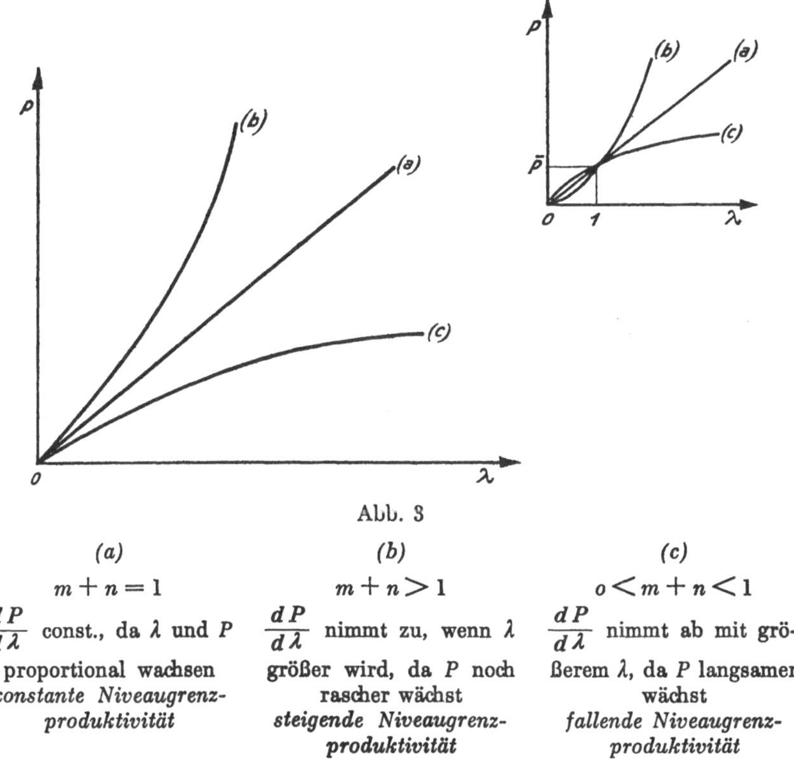

Abb. 3

(a)	(b)	(c)
$m + n = 1$	$m + n > 1$	$o < m + n < 1$
$\frac{dP}{d\lambda}$ const., da λ und P proportional wachsen	$\frac{dP}{d\lambda}$ nimmt zu, wenn λ größer wird, da P noch rascher wächst	$\frac{dP}{d\lambda}$ nimmt ab mit größerem λ, da P langsamer wächst
konstante Niveaugrenzproduktivität	***steigende Niveaugrenzproduktivität***	*fallende Niveaugrenzproduktivität*

P = Gesamt-*output;* λ = Faktor zur Bestimmung des Prozeßniveaus; q = totale Produktionselastizität, „Steigerungskoeffizient"[74] oder „Niveaugrenzproduktivität"[75]

Der Fall a) wird allein als relevant für die Aufstellung der genannten Produktionsfunktion angesehen. Das heißt, bei der linear-homogenen Produktionsfunktion nach Cobb-Douglas werden die Produktions-

[74] Vgl. P. Bünte: Produktionstechnik, Kapital und Fortschritt. Berlin: 1961, S. 20.

[75] E. Schneider: Einführung in die Wirtschaftstheorie, II. Teil. 7. Auflage. Tübingen: 1961, S. 175 f. — Wenn wir noch die zusätzliche Annahme machen, daß die Ausgangsausbringung $\bar{P}$ bei $\lambda = 1$ in allen drei Fällen *(a), (b)* und *(c)* gleich ist, so ergibt sich ein etwas geänderter Verlauf der drei Ertragsfunktionen bei einer Prozeßniveau-Variation als in Abb. 3. Dann erhalten wir zunächst im Koordinatenpunkt $\lambda = 1$, $P = \bar{P}$ einen Schnittpunkt aller drei Ertragskurven bei gemeinsamem Ausgang von Ursprung 0, bevor die drei Kurven endgültig auseinanderstreben, was mir Herr Professor E. Schneider freundlicherweise bestätigte.

faktoren entsprechend ihren Grenzprodukten so entlohnt, daß das gesamte Faktoreinkommen gleich groß wie das Sozialprodukt ist.

Daraus können die Faktorpreise für Arbeit l und für Kapital c nach den Regeln der Grenzproduktivitätstheorie, wie das schon Wicksteed im Jahre 1894 bewies, ohne weiteres berechnet werden[76]:

$$l = \frac{\delta P}{\delta A} = m \frac{P}{A}; \quad c = \frac{\delta P}{\delta K} = n \frac{P}{K},$$

und somit können die Faktoranteile an Hand der einzelnen partiellen Produktionselastizität bestimmt werden:

$$m = \frac{\delta P}{\delta A} : \frac{P}{A}; \quad n = \frac{\delta P}{\delta K} : \frac{P}{K}$$

oder umgeformt:

$$m = \frac{\delta P}{\delta A} \cdot \frac{A}{P}; \quad n = \frac{\delta P}{\delta K} \cdot \frac{A}{K}.$$

Der Potenzexponent der Arbeit m gibt also nicht nur die Produktionselastizität der Arbeit an, sondern auch zugleich den relativen Faktoranteil der Arbeit am Netto-Sozialprodukt (zu Faktorkosten). Dasselbe gilt *mutatis mutandis* für den Potenzexponenten n des Realkapitals, der die Produktionselastizität und den relativen Faktoranteil dieses Produktionsfaktors darstellt. Folglich ist

$$m \,.\, P + n \,.\, P = P,$$

da ja

$$m + n = 1$$

ist. Voraussetzung zur Anwendung dieses Verfahrens der „statischen Niveaumethode“ ist das Vorhandensein gesicherter statistischer Zeitreihen über die absoluten Größenveränderungen der betreffenden Variablen.

Aus dem vorher Gesagten läßt sich aber beim genaueren Durchdenken sofort ersehen, daß der technische Fortschritt als Restwert in der Produktionsfunktion von Cobb-Douglas *nicht* enthalten ist.

Diesen Gesichtspunkt greift Tinbergen auf und führt als erster einen *Trendfaktor* für den technischen Fortschritt in die genannte Funktion ein. Er benützt die Grundgleichung von Douglas unverändert als Produktionsfunktion des homogen-linearen Typs, wonach proportionale Vergrößerungen der Faktoreinsätze auch proportionale Vergrößerungen der Ausstoßmenge nach sich ziehen; dazu führt er den in der Zeit wach-

---

[76] Ph. H. Wicksteed: The Co-ordination of the Laws of Distribution. London: 1894, war der erste, welcher analytisch nachwies, daß bei Annahme bestimmter Prämissen jeglicher Restwert (Unternehmergewinn) eliminiert werde, so daß jeder Produktionsfaktor nur entsprechend seiner Grenzproduktivität entlohnt werde.

senden Faktor ε^t *explicite* ein. Als mathematische Form der Trendvariablen wird normalerweise eine Exponential-Kurve angenommen. Somit ergibt sich eine Produktionsfunktion des Typs[77]:

$$u = \varepsilon^t \,.\, a^\lambda \,.\, k^{1-\lambda}. \tag{22}$$

In unserer Schreibweise lautet die Formel:

$$P = F^t \,.\, A^m \,.\, K^n. \tag{22 a}$$
$$(m + n = 1)$$

Mit dieser Maßnahme hofft er die Bestimmungsgründe für den „fortwährenden Anstieg" der Realreihen und das Tempo dieser Entwicklung — „der Rationalisierungsgeschwindigkeit" ε^t, unser F^t — erklären zu können. Ausdrücklich werden alle Wirtschaftszweige der Volkswirtschaft in seine Betrachtung einbezogen, nicht nur die Industrie wie bei Cobb-Douglas. Um die Produktionselastizitäten von Arbeit (m) und von Kapital (n) zu bestimmen, ist nach dieser Methode bei gegebenen Zeitreihen von *output* P, von Arbeit A und von Kapital K die Regressionsanalyse anzuwenden. Mit Hilfe des Verfahrens der multiplen Korrelation lassen sich dann nicht nur die Exponenten (m und n) als Parameter aus der Regressionsanalyse bestimmen, sondern auch die Restposten F^t (der Anstieg des Residualtrends) berechnen. Letzterer Posten ist insofern schwer zu isolieren, da ja Arbeits- und Kapitalfaktor nicht konstant bleiben, sondern sich im Zeitablauf *asynchronisch* entwickeln.

Die „dynamische Version" der ursprünglichen Cobb-Douglas-Funktion soll die Untersuchung der getrennten Effekte der wachsenden Einsatzgrößen von Arbeit und Kapital unter der Annahme gleichbleibender Technik — „Zeit steht still" — und des Effekts der technologischen Veränderungen F^t, der sich in der Zeitfolge bei gleichbleibendem *input* vollzieht, nach der Meinung von Seton ermöglichen[78]. Außerdem wird die Prämisse von einer Konstanz des Ertragszuwachses gestrichen. Fehlen jedoch die vollständigen Realreihen von A, K und P über die gesamte Untersuchungsperiode hinweg, so bleibt nichts anderes übrig, als mit den

---

[77] J. Tinbergen: Zur Theorie der langfristigen Wirtschaftsentwicklung. WA *55* (1942), S. 511–549.

Als andere mögliche Formen der Trendkurve nennt er die Gerade, Parabel, logistische Kurve und die Gompertz-Kurve. — Roy ist ein weiterer Forscher, der den technischen Fortschritt als *explicite* Variable exponentieller Art in die Cobb-Douglas-Funktion einbaut.

R. Roy: Remarques sur les phénomènes des productions. Metroeca *2* (1950), S. 44 ff.

[78] Vgl. F. Seton: Soviet Economic Trends and Prospects Production Functions in Soviet Industry. AER, Papers and Proceedings *49* (1959), Nr. 2, S. 2. — Im Gegensatz zur Ansicht Setons ist an dieser Stelle schon festzustellen, daß die Trennung der Effekte der *economies of scale* und des technischen Fortschritts ein Problem ist, das mit der Quadratur des Kreises verglichen werden kann.

relativen Wachstumsgrößen zu arbeiten. Zu diesem Zwecke wird die „dynamische Produktionsfunktion" (22 b) nach der Zeit abgeleitet:

$$P = b \,.\, A^m \,.\, K^n \,.\, F^t, \qquad (22\,b)$$

$$(m + n \lesseqgtr 1)$$

$$\frac{\dot{P}}{P} = m \frac{\dot{A}}{A} + n \frac{\dot{K}}{K} + \frac{\dot{F}}{F}. \qquad (23)$$

Die im Zähler stehenden und durch einen Punkt gekennzeichneten Größen sind Ableitungen der Zeit.

$$\frac{1}{P} \cdot \frac{dP}{dt} = \frac{\dot{P}}{P}; \quad m \left(\frac{1}{A} \cdot \frac{dA}{dt} \right) = m \frac{\dot{A}}{A};$$

$$n \left(\frac{1}{K} \cdot \frac{dK}{dt} \right) = n \frac{\dot{K}}{K} \quad \text{und} \quad \frac{dF}{dt} = \frac{\dot{F}}{F}.$$

Verbal ausgedrückt, besagt die obige Gl. (23): Alle *relativen* Veränderungen des Produktionsergebnisses ($\dot{P}/P$) werden verursacht durch Änderungen der Einsatzmengen von Arbeit ($\dot{A}/A$) und Kapital ($\dot{K}/K$) oder durch den technischen Fortschritt ($\dot{F}/F$) oder sind beiden gemeinsam zuzuschreiben. Daraus läßt sich jetzt schon der Schluß ziehen, daß Setons Vorhaben, die beiden Effekte der *economies of scale* und des technischen Fortschritts im Hinblick auf das gesamte Produktionsergebnis sauber voneinander zu trennen, nicht geglückt zu sein scheint. Zwar geht der genannte Autor einen Schritt weiter und stellt der Gl. (23), die er als *"trend-segregating"*-Version der Produktivitätsmessung bezeichnet, eine andere Methode gegenüber, die auf der unveränderten Cobb-Douglas-Funktion beruht und die Veränderung des gesamten Produktionsergebnisses allein auf die Änderungen des Faktor-*input* zurückführt. Die Ableitung nach der Zeit schreibt sich in diesem Falle:

$$\frac{\dot{P}}{P} = m \frac{\dot{A}}{A} + n \frac{\dot{K}}{K}. \qquad (24)$$

Letzteres Verfahren wird nach ihm *"trend-allocating"*-Methode genannt. Damit lassen sich die Gewinne der *economies of scale* berechnen. Wenn $m + n - 1 > 0$ ist, dann handelt es sich um steigenden Ertragszuwachs, bei negativem Ergebnis um fallenden Ertragszuwachs.

Andererseits läßt sich die Rate des technischen Fortschritts durch nachstehende Umwandlung von Gl. (23) bestimmen:

$$\frac{\dot{F}}{F} = \frac{\dot{P}}{P} - m \frac{\dot{A}}{A} - n \frac{\dot{K}}{K}. \qquad (25)$$

In Worten interpretiert, besagt Gl. (25): Die Steigerungsrate des technischen Fortschritts als unabhängige Größe innerhalb der entwickelten Produktionsfunktion ist verantwortlich für diejenigen Änderungen des Produktionsergebnisses, die nicht durch Änderungen der Faktor-Einsatzmengen von Arbeit, von Kapital oder von beiden Produktionsfaktoren zusammen verursacht werden[79].

Wenn dazuhin von der Annahme der Konstanz der Koeffizienten m und n abgegangen wird, so kann die Fortschrittsrate durch die Logarithmen und deren Ableitung nach der Zeit gemessen werden:

$$\frac{\dot{F}}{F} = \frac{\dot{P}}{P} - m \frac{\dot{A}}{A} - n \frac{\dot{K}}{K} + \frac{dm}{dt} \cdot \log \frac{K}{A}. \tag{26}$$

Die Meßergebnisse, die mittels Anwendung der Formeln (25) und (26) erzielt werden, sind offensichtlich verschieden. Jedoch dürften in der Praxis die beiden Resultate *nah* beieinander liegen. Die Differenz wird aber umso größer sein, je größer die Wachstumsrate des Produktionsergebnisses ($\dot{P}/P$) der Volkswirtschaft ist; denn dementsprechend wird wahrscheinlich auch das Verhältnis (K/A), die Kapitalintensität, in der Zeitfolge gestiegen sein.

$\frac{\dot{K}}{K} > \frac{\dot{A}}{A}$, d. h. die Wachstumsrate des Realkapitalfaktors pro Zeiteinheit ist im allgemeinen größer als diejenige des Arbeitsfaktors[80]. Deshalb wird $\dot{F}/F$ beim semilogarithmischen Parametersystem von Gl. (26) kleiner sein als nach Gl. (25).

Nun lassen sich die vorher genannten Produktionsfunktionen ökonometrisch jeweils in einen Regressionsansatz umformen, wie wir das mit Gl. (21) auch durchgeführt haben[81]. Durch diese Umwandlung kann die Berechnung der Regressionsgleichungen als „empirische" Regression nach der bekannten Methode der kleinsten Quadrate erfolgen. Dabei ist Hauptzweck der Regressionsanalyse *die Schätzung* der Größe des technischen Fortschritts, nachdem die übrigen Größen, wie Arbeit, Kapital und Sozialprodukt, gegeben sind. Mit Hilfe der erwähnten Rechenmethode wird keineswegs versucht, eine kausale Erklärung über eine Variable als Funktion der anderen Variablen abzugeben. Es ist beispielsweise nicht beabsichtigt, eine einseitige Beziehung zwischen Arbeit, Kapital und technischem Fortschritt zur Größe des Sozialprodukts aufzuzeigen[82]. *Der tech-*

---

[79] Vgl. dazu R. M. Solow: Technical Change and the Aggregate Production Function. REStatistics *39* (1957), S. 312—320.

G. Bombach: Quantitative und monetäre Aspekte des Wirtschaftswachstums. A. a. O., S. 227.

A. E. Ott: Zum Problem des technischen Fortschritts. A. a. O., S. 170. Natürlich wird aus Gründen der praktischen statistischen Arbeit nicht mit Differentialgrößen, sondern mit Differenzengrößen, den jährlichen Veränderungsraten der genannten Variablen, zu rechnen sein.

[80] Siehe E. D. Domar: On the Measurement of Technological Change. A. a. O., S. 722, Fußnote.

[81] Vgl. S. 293.

[82] Siehe die Ausführungen von H. Wold zu dieser Frage, der zwei Hauptzwecke der Regressionsanalyse herausstellt: a) die *Schätzung* oder *Vorhersage* einer Variablen, wenn eine oder mehrere andere Variablen gegeben sind; b) die kausale *Erklärung* einer oder mehrerer anderer Variabler. H. Wold: Demand Analysis. New York: 1962, S. 30.

nische Fortschritt ist eher als eine zufällige Variable im Sinne der Statistik und auch der Wahrscheinlichkeit hier aufzufassen[83]. Damit entfallen etliche Einwände, die auf eine Ablehnung des Regressionsansatzes hinzielen.

Jedoch werden gegen die Methode der partiellen Regressionsanalyse zur Berechnung der Parameter in den vorstehenden makro-ökonomischen Produktionsfunktionen noch eine Reihe gewichtiger Argumente vorgebracht, die hier nur summarisch aufgezählt werden sollen:

1. Das Problem der Multikollinearität, d. h. die Zeitreihen von A, K und P, korrelieren nicht nur mit dem Residuumposten F, sondern auch untereinander[84].

2. Die Wahl des Basisjahres und die Länge der gewählten Zeitperiode beeinflussen stark die Resultate.

3. Es handelt sich um ein kompliziertes Rechenverfahren, wobei der Ausgangspunkt auf wenig gesicherten, teilweise geschätzten Daten beruht.

4. Die Strukturveränderungen werden innerhalb einer einzigen makroökonomischen Produktionsfunktion vernachlässigt.

5. Desgleichen werden auch die Änderungen der Ausnutzungskoeffizienten nicht direkt berücksichtigt.

6. Bis jetzt gibt es noch keine Verifikationsmöglichkeit, um festzustellen, ob die Form einer Exponentialkurve für die Trendvariable F^t eine „realistische Annahme" ist oder nicht[85].

---

[83] Hier zeigt sich ein gewisser Widerspruch! Sprachen wir früher davon, daß der technische Fortschritt durch rationale Planung und Fortschritts-Investitionen eine „endogene", beeinflußbare Variable geworden ist, so ist bei obiger Meßmethode der technische Fortschritt immer noch eine *unabhängige* Größe.

[84] Vgl. H. Mendershausen: On the Significance of Professor Douglas' Production Function. Ectrica *6* (1938), S. 143—153, der als erster auf diesen Einwand in dem Sinne hinwies, daß keine einfache lineare Relation innerhalb des genannten Produktionsfunktions-Typs besteht.

M. Bronfenbrenner: The Cobb-Douglas-Function and Trade-Union Policy. AER *29* (1939), S. 793—796. — Derselbe: Production Functions. Ectrica *12* (1944), S. 35 ff.

Siehe auch E. H. Phelps-Brown: The Meaning of the Fitted Cobb-Douglas-Function. QJE *71* (1957), S. 546—560.

R. L. Klein and M. Nakamura: Singularity in the Equation Systems of Econometrics: Some Aspects of the Problem of Multicollinearity. IER *3* (1962).

Der Ausdruck „Multikollinearität" stammt zwar schon von R. Frisch, der bei der graphischen Durchführung seiner Konfluenz-Analyse auf den Tatbestand stieß, daß die „unabhängigen" Variablen in zwei- oder mehrseitigen Relationen miteinander verbunden sind, so daß keine einzige eindeutige Lösung gefunden werden kann. Vgl. R. Frisch: Statistical Confluence Analysis by Means of Complete Regression Systems. Oslo: 1934.

[85] Darauf weist Odd Aukrust hin: Investment and Economic Growth. PMR, Nr. 16, Februar 1959, S. 43.

7. Weiter werden kritisiert die Annahmen von den gleichbleibenden relativen Produktpreisen pro Bereich[86].

8. In der Realität lassen sich für die Produktionsfaktoren differentielle Wachstumsraten und unterschiedliche Beschäftigungsgrade nachweisen.

Der Fortschrittsfaktor F^t innerhalb der Produktionsfunktion wird ferner von Ruttan[87] und besonders von Solow[88] bei ihren Untersuchungen über Entwicklung und Messung dieser Komponente einbezogen. Ruttan entwickelt folgende Grundgleichung:

$$P = (1 + r t)\, A^m \,.\, K^n. \tag{27}$$

Die kompliziertere Formel dieses Autors haben wir gleich vereinfacht und in der bisher gebrauchten Nomenklatur niedergeschrieben. Im Original gliedert Ruttan den Realkapitalfaktor grundsätzlich auf. Er verwendet ein spezielles Symbol für den Faktor *Boden* und unterscheidet zwei weitere Realkapital-Einsatzfaktoren: *"nonland capital inputs and current inputs"* mit den zugehörenden Exponenten der Produktionselastizität. Die Rate des technischen Fortschritts, d. h. der Betrag der Steigerung des *output* während einer gegebenen Periode, der dem technischen Fortschritt zugerechnet werden kann, ist dann

$$F = 1 + r t,$$

r = durchschnittliche jährliche Änderungsrate des *output* per Einheit des Gesamt-*input;*

t = Anzahl der Jahre, während denen sich das *output*-Wachstum vollzieht;

$\dot{F}/F$ ist dabei als *nicht*-konstant im Zeitablauf, sondern als unstetige Approximation aufgefaßt.

Klar umschreibt Solow den genaueren Zweck seiner Studie mit *"segregating variations in output per head due to technical change from those due to changes in the availability of capital per head"*[89]. Die Effekte der Faktorsubstitution (Änderung der Kapitalintensität) und des technischen Fortschritts auf die *output*-Veränderungen sollen voneinander exakt getrennt werden, wie wir das schon in unseren Ausführungen über den erkenntnistheoretischen Begriff des technischen Fortschritts betont

---

[86] Dieser Einwand ist in derselben Weise berechtigt gegenüber der Messungsmethode des technischen Fortschritts durch die totale Mengenproduktivität.

[87] V. W. Ruttan: Technological Progress in the Meat Packing Industry 1919—1947. U. S. Department of Agriculture, Marketing Research Report, Nr. 59 (1954). — Derselbe: The Contribution of Technological Progress to Farm Output: 1950—75. REStatistics *38* (1956), S. 66.

[88] R. M. Solow: Technical Change and the Aggregate Production Function. REStatistics *39* (1957), S. 312—320.

[89] R. M. Solow: Technical Change and the Aggregate Production Function. A. a. O., S. 312.

haben. Von vornherein ist auf die einschränkende Prämisse hinzuweisen, daß durch die Einführung des Trendfaktors F^t in Exponentialform der Spezialfall des *neutralen technischen Fortschritts* stillschweigend impliziert wird. Das bedeutet, daß die Grenzrate der Substitution zwischen Arbeit und Kapital keine Änderung erfährt und gleichzeitig die Grenzproduktivität der Arbeit und des Kapitals sich proportional erhöhen[90]. Ausdrücklich weist er auf eine weitere Annahme hin, nämlich daß die Produktionsfaktoren entsprechend ihren Grenzprodukten bei Konstanz des Ertragszuwachses entlohnt werden. Ziel seines Verfahrens ist nun, *die Schwierigkeiten der Regressionsanalyse zu umgehen.* Zu diesem Zweck verwendet er die Koeffizienten der partiellen Produktionselastizitäten von Arbeit und Kapital m und n nur als Gewichte und entnimmt deren Größe in der gleichen Basisperiode aus den vorhandenen Statistiken.

Die Methode Solows wurde schon vorweg in den Gln. (23) und (25) symbolhaft dargestellt. Als Endergebnis seiner Analyse stellt er an Hand des amerikanischen Zahlenmaterials von 1909—1949 fest, daß sich die Rate des technischen Fortschritts „annähernd neutral" gegenüber $\delta A/\delta K$, den Grenzraten der Substitution, bei gegebenen Kapitalintensitäten verhalten habe. M. a. W., in empirischer Sicht war über einen langfristigen Zeitraum hinweg ein ziemlich konstantes Verhältnis von $\Delta F/F$ gesamtwirtschaftlich festzustellen. Dieses Resultat war aber auch bei der angenommenen Produktionsfunktion und diesem Meßverfahren zu erwarten. Es ist nach unserer Ansicht nach kein Beweis dafür, welchen Charakter der technische Fortschritt einer anderen nicht-linearen Produktionsfunktion oder gar in der Zukunft aufweisen wird.

Wird nun für die gesamte Volkswirtschaft eine *nicht-lineare Produktionsfunktion* vom Cobb-Douglas-Typ mit den Exponenten $m+n \lesseqgtr 1$ angenommen, so erscheint dieses Vorgehen insofern gerechtfertigt, daß es dadurch möglich ist, die Prämisse eines „neutralen technischen Fortschritts mit sich ändernden (relativen) *input*-Verhältnissen und wechselnden Grenzproduktivitäten der verschiedenen *input*-Faktoren zu verbinden"[91]. Aus der Annahme einer solchen nicht-linearen Produktionsfunktion mit differentiellen Änderungsraten der *input*-Faktoren ergeben sich nach Ruttan die Folgerungen:

Um ein bestimmtes Wachstum des *output* bei einem gegebenen technischen Fortschritt zu ermöglichen, ist im Falle der nicht-linearen Produktionsfunktion *ein größeres Wachstum des Total-input notwendig* als bei einer linearen (homogenen) Funktion. Ausnahmen von dieser Regel sind gegeben, wenn sich die Faktoreinsätze synchron, d. h. in gleichem

[90] Vgl. unsere Abb. 1, S. 295.

[91] Siehe V. W. Ruttan: The Contribution of Technological Progress to Farm Output: 1950—75. A. a. O., S. 63. — Solow schreibt dazu in einer neueren Publikation: "There is not much evidence for or against this assumption [der Neutralität der Fortschrittsrate im Zeitablauf]; since it is a great convenience it will be adopted without comment." Siehe R. M. Solow: Investment and Technical Progress. Im Sammelwerk: Mathematical Methods in the Social Sciences, 1959. Stanford (Kalifornien): 1960, S. 89.

Maße, ändern oder wenn der steigende Ertragszuwachs so groß ist, daß die Wirkung der sinkenden Grenzrate der Substitution unter den *input*-Faktoren ausgeglichen werden kann.

Wird umgekehrt ein gegebenes Wachstum der *input*-Faktoren mit einem bestimmten technischen Fortschritt (neutraler Art) verknüpft, so wird dies bei einer nicht-linearen Produktionsfunktion *ein kleineres Wachstum des Gesamt-output nach sich ziehen* als bei einer linearen Produktionsfunktion. Ausgenommen sind wiederum die Fälle, wo einmal alle *input*-Arten sich mit derselben Änderungsrate ändern oder zum andern ein steigender Ertragszuwachs von ausreichender Größe zu verzeichnen ist.

So wie wir versucht haben, die Entwicklung der Lern- und Forschungskosten in den Mengenindex der Totalproduktivität einzubauen, geht der Finne Niitamo in ähnlicher Weise vor und baut in sein Modell von der Produktionsfunktion der finnischen Industrie diese Kostenart ausdrücklich in eine Cobb-Douglas-Funktion ein, wobei auch die unterschiedlichen Nutzungen der Betriebskapazitäten in Betracht gezogen werden sollen[92]:

$$P = b \,.\, A^m \,.\, K^n \,.\, W_s^{\gamma} \,.\, H_r^{\Psi}, \tag{28}$$

$m + n = 1;$

$W_s =$ kurzfristige Veränderungen des Ausnutzungsgrades auf der Betriebsstufe;

$H_r =$ die „*know-how*-Entwicklung", d. h. unsere Lern- und Forschungskosten I_{tf}.

Der Zuwachs des Gesamt-*output*, genauer ausgedrückt des Netto-*output*, kann dadurch von der Einsatzseite aus vertiefter analysiert werden. Tatfrage ist dann: Welches sind die „sachgemäßen Einheiten", um die Variablen W_s und H_r zu messen? — Die Einführung der Größe W_s als „Konjunkturvariable", die die erweiterte Form der Produktionsfunktion — wie in Formel (22) bzw. (22a) — zu verfeinern scheint, weist jedoch gewisse Schwächen auf. Niitamo will als *typische Größe* für die Veränderungen der Ausnutzung „die Schwankungen des Exportvolumens im Verhältnis zu dessen linearen Trend" verstanden wissen. Zwei Einwände sind hier anzubringen. Nämlich, daß sich die Konjunktur auf die „Strömungsgrößen", jedoch weniger auf die Bestandsgrößen von A und K auswirkt und daß ferner eine Multikollinearität zwischen A, K, W_s und P besteht.

Außerdem wird die Rate des technischen Fortschritts nur dann nicht von der Konjunkturvariablen beeinflußt, wenn im idealtypischen Fall der Ausnutzungsgrad aller Kapazitäten in der gesamten Beobachtungsperiode unverändert bleibt. Bei Volkswirtschaften mit verhältnismäßig großem Exportvolumen im Vergleich zum Netto-Sozialprodukt mag der von Niitamo vorgeschlagene Maßstab der Konjunkturvariablen noch hin-

[92] O. E. Niitamo: Zur Produktivitätsfunktion der finnischen Industrie. WA *86* (1961), S. 95.

gehen. Jedoch in Ländern mit relativ großem Binnenmarkt muß der Ausnutzungsgrad des verfügbaren Kapitalstocks auf andere Weise bestimmt werden.

Für den technischen Fortschrittsfaktor (H_r, unser F^t) schlägt der Autor die Entwicklung der Relation zwischen „der Gesamtbevölkerung im arbeitsfähigen Alter und der Anzahl der Arbeitsfähigen, die die mittlere Reife haben“, vor. Dieser Index der Schulbildung ist nach unserem Dafürhalten nur als erster Schritt zur verbesserten Messung der Restvarianz (F^t) aufzufassen. Jedoch geht unser Streben dahin, die Ausbreitung des bekannten technischen Wissens und den Aufwand an Forschungskosten für die Vertiefung des technischen Wissens — die Erlangung neuer Erkenntnisse — in diese Größe einzubeziehen. Die Relation Niitamos läßt sich insofern verbessern — selbst wenn keine Angaben für den gesamten Forschungsaufwand zur Verfügung stehen —, daß als Index der Ausbreitung des (bekannten) technischen Wissens (I_{tw}) das Verhältnis der gesamten arbeitsfähigen Bevölkerung zur Zahl der ausgebildeten, arbeitsfähigen diplomierten Techniker und Ingenieure verwendet wird[93]. Die andere Komponente von I_{tf} aber, die eigentlichen (Netto-)Forschungsinvestitionen I_f, bleibt in dieser Beziehung nicht oder nur teilweise berücksichtigt. Solow macht ebenfalls auf diesen schwachen Punkt innerhalb der erweiterten makro-ökonomischen Produktionsfunktion aufmerksam. Die bloße, nicht näher begründete Annahme einer zeitlichen „neutralen“ Veränderung der Produktionsfunktion ist nach seiner Ansicht eher „als ein Bekenntnis des Nichtwissens als des Wissens“ zu beurteilen. Deshalb fordert er auch für die Komponente F^t eine vertiefte Untersuchung der Lern- und Forschungskosten in bezug auf die Veränderung der Qualität des Faktor-*input*[94]. Er gibt damit ehrlich zu, daß sein früher erbrachter Beweis über die Neutralität des technischen Fortschritts auf schwachen Füßen steht[95].

Statt *einer* Produktionsfunktion für die Gesamtwirtschaft lassen sich selbstverständlich auch für die verschiedenen Bereiche eine *Mehrzahl von entwickelten Cobb-Douglas-Funktionen* aufstellen. Diesen Weg beschreitet Leif Johansen bei der Konstruktion eines Vielsektoren-Modells der norwegischen Volkswirtschaft. Dabei bezieht er auch den öffentlichen Sektor und den Außenhandel in seine Untersuchung mit ein[96]. Jedoch werden nur die Fortschrittskomponenten der Einzelbereiche berechnet. Wir können daraus zwar in sehr grober Weise eine gemeinsame durchschnittliche Fortschrittskomponente für die gesamte Volkswirtschaft errechnen, wobei aber der Strukturfaktor unberücksichtigt bleibt, im Gegensatz zur ersten Messungsmethode.

---

[93] Natürlich könnte man die Chemiker und Physiker mit Diplomabschluß ebenfalls in diesen Index einbeziehen.

[94] Siehe R. M. Solow: Investment and Technical Progress. A. a. O., S. 90.

[95] Vgl. derselbe: Technical Change and the Aggregate Production Function. A. a. O.

[96] L. Johansen: A Multi-sectoral Study of Economic Growth. Amsterdam: 1960.

Viertes Kapitel

Kritik

1. Kritik der einzelnen Meßansätze

Zur Messung der Totalproduktivität durch Aufstellung einer Produktionsfunktion in streng linearer Form unter Benutzung der Differenzenrechnung nach dem NBER-Verfahren (Gl. [3] ff.) sind einige Einwände aufzuführen besonders im Hinblick auf die Erfassung der Teilproduktivität des Kapitals bzw. des Kapitalkoeffizenten. Während bei der Arbeitsproduktivität die Strömungsgrößen innerhalb einer *Zeitperiode,* z. B. Gesamt-*output* im Verhältnis zu den geleisteten oder bezahlten Arbeitsstunden, gemessen werden, ist die Zeitdimension bei der Kapitalproduktivität eine ganz andere. Gemessen wird nur der Kapitalstock als Bestandsgröße in einem *Zeitpunkt* oder die jährliche Durchschnittsgröße als Bezugszahl für den Gesamt-*output.* Zwischen beiden Maßfunktionen besteht daher keine Einheitlichkeit, um sie zu einer Maßzahl der Totalproduktivität zusammenzufassen.

Schwankungen in Produktion und Beschäftigung wirken sich in erster Linie bei den Strömungsgrößen und weniger bei den Bestandsgrößen aus. Die Einführung des Ausnutzungskoeffizienten in die Formeln (6), (7) ff. von der Messung des technischen Fortschritts über die Totalproduktivität versucht diesen Mangel zu beheben. — Ein weiterer Einwand besteht nach Lowe darin, daß der gleiche Kapitalstock je nach der vorherrschenden Höhe der Abschreibungssätze ganz verschiedene Netto-Ausstoßmengen hervorbringen kann[97]. Umgekehrt soll je nach dem Ausnutzungsgrad der Kapazitäten der Abschreibungssatz sich ändern. Diese Schwierigkeiten können aber dadurch gemeistert werden, daß ausdrücklich der Brutto-Kapitalstock als Nennwert der Kapitalproduktivität verwendet wird und für den Gesamt-*output* ebenfalls Brutto-Werte zu konstanten Marktpreisen minus deflationierte Vorleistungen eingesetzt werden.

Das Argument Lowes kann in der Weise ergänzt werden, daß derselbe — physikalisch gleich große — Realkapitalstock, der die gleichen Netto-Ausstoßmengen hervorbringt, in verschiedenen Gleichgewichtslagen dargestellt werden kann, die sich durch unterschiedliche Zinssätze und Reallöhne, aber auch durch einen veränderten Kapitalwert unterscheiden. Aus diesen Gründen erweist sich das Rechnen mit den Brutto-Werten und das Wägen des Kapitals mit der durchschnittlichen Ertragsrate als die geeignetere Methode.

Wenn als Ziel der Messung das *gesamte Produktionsergebnis* und als Relation die *totale Mengenproduktivität* zu errechnen ist, so scheint der Begriff des *Brutto-Sozialprodukts zu Marktpreisen* am *„sinnvollsten"*, ganz gleich, für welche Verwendungszwecke — Verbrauch oder Investition — die Güter und Leistungen nachher aufzugliedern sind[98]. Ein anderer

[97] A. Lowe: Structural Analysis of Real Capital Formation. In: Capital Formation and Economic Growth. Princeton: 1955, S. 583.

[98] Vgl. G. Fürst, K.-H. Raabe und H. Sperling: Das Produktionsergebnis je Beschäftigten in den großen Bereichen der Volkswirtschaft 1950 bis 1957. A. a. O., S. 147.

Ferner G. Fürst: Die amtliche Statistik im Dienste der Produktivitätsmessung. WSt., N. F. 5 (1953), Heft 6, S. 239 ff.

Sachverhalt ist gegeben, wenn als Untersuchungsgegenstand *das Volkseinkommen* und dessen Verteilung im Vordergrund steht. In diesem Falle ist das Netto-Sozialprodukt zu konstanten Marktpreisen nach *Absetzung* der deflationierten Vorleistungen und *der Abschreibungen* in den Zähler der Produktivitätsrelation einzusetzen. Da in der realen Wirtschaftswelt noch keine statistische Spezifikation gefunden worden ist, die auf gesamtwirtschaftlicher Basis eine exakte quantitative Messung der getrennten Begriffe a) Kapitalabnützung und Kapitalverluste, b) Netto-Kapitalbildung ermöglicht, so hat das Rechnen mit Brutto-Größen für den Kapitalfaktor seine Berechtigung[99]. Bei der Untersuchung der verschiedenen Produktivitäts-Konzepte kommt Rostas ebenfalls zur Auffassung, daß die theoretisch bedeutsamere Netto-*output*-Größe statistisch am besten durch den Mengen-Index des Brutto-*output* erfaßbar ist, der unter Umständen mit Netto-*output*-Gewichten bereinigt werden kann[100].

Gemischte Relationen zwischen Strömungs- und Bestandsgrößen lassen sich auch bei der Arbeitsproduktivität nachweisen, wenn z. B. der Gesamt-*output* zur Zahl der Beschäftigten und nicht zu den geleisteten Stunden in Beziehung gesetzt wird. Der formale Einwand von der unterschiedlichen Zeitdimension bei statistischen Mischrelationen scheint u. E. nicht stichhaltig zu sein. Überdies wirft die Feststellung der Strömungsgröße *gesamte Kapitalkosten einer Volkswirtschaft* eine Fülle theoretischer und statistischer Fragen auf. Die Frage nach der „spezifischen Mengeneinheit" und das „Indexzahlen-Problem" sind besonders aktuell bei der Messung des Kapitalfaktors. Reuss kommt in seiner Studie über die Produktivitätsmessung zum Ergebnis, als Kriterium für die Messung des Kapitalbestandes sei die *Methode der Summierung aller Erstellungskosten* die gegebene. Das ist praktisch dieselbe Methode, die schon Kuznets im Jahre 1938 anwandte, das *commodity flow-Verfahren* für die Bewertung der Investitionsgüter[101].

---

[99] Siehe dazu auch E. F. Denison: Theoretical Aspects of Quality Change, Capital Consumption, and Net Capital Formation. In: Problems of Capital Formation, Concepts, Measurement, and Controlling Factors. Bd. 19 der Studies in Income and Wealth. Princeton: 1957, S. 216, der die beiden wichtigsten Gegenargumente für eine langfristige Messung des Netto-Kapitalstocks aufführt:

a) Erfassung von Qualitätsänderungen in konstanten Geldwerten und

b) Zurechnung der Kapitalkonsumtion auf die bestehenden Kapitalwerte.

[100] Vgl. L. Rostas: Alternative Productivity Concepts. In: Productivity Measurement Concepts. Herausgegeben von der European Productivity Agency, Bd. 1. OEEC, Paris: 1955, S. 40.

[101] G. E. Reuss: Produktivitätsanalyse. A. a. O., S. 87; ebenfalls S. Kuznets: Commodity Flow and Capital Formation. Bd. 1. NBER, New York: 1938.

Vgl. auch die Kontroverse zwischen Mrs. J. Robinson und Mr. D. G. Champernowne über die makro-ökonomische Messung der Kapitalmenge und die neo-klassische Produktionsfunktion. J. Robinson: The Production Function and the Theory of Capital. REStudies *21* (1953/54), S. 81—106, und D. G. Champernowne, der auf die Mängel der Messungsmethode von J. Robinson hinweist, die als Maßeinheit die Lohneinheit ("labour-unit") postuliert. — Der letztere: The Production Function and the Theory of Capital: A Comment. Ebenfalls in REStudies *21* (1953/54), S. 112—135. Ebenfalls

In der Tat werden nach diesem Bewertungsverfahren die meisten statistischen Verifikationen über die Realkapitalentwicklung durchgeführt. Da ja die Investitionsgüter im wesentlichen durch den Einsatz von Arbeit, aber auch von schon hergestellten Kapitalgütern geschaffen werden, spricht sehr für die Anwendung des genannten Verfahrens. Ferner sind die Realreihen über die Kapitalgröße im allgemeinen weniger zuverlässig als die Reihen über Arbeitseinsatz und Produktionsausstoß. Diese unterschiedliche Güte des statistischen Materials müssen wir vorerst in Kauf nehmen, bis uns die Statistiker der nächsten Generation gesicherteres Zahlenmaterial liefern können. Wenn außerdem die Globalgrößen aufgegliedert werden in Bereiche und Teilbereiche (Zweige), dann ist auch eine verhältnismäßig stetige Zusammensetzung des Brutto-Anlagekapitals nach seiner wirtschaftlichen Lebensdauer über eine Zeitspanne von ca. acht bis zehn Jahren hinweg anzunehmen. Ein Leistungsabfall während dieser Lebensdauer wird jedoch nicht unterstellt.

Anlaß zur Diskussion gibt auch die gebräuchliche Verwendung der mit den Preisen der Basisperiode gewichteten Indizes zur Messung der Veränderungen der totalen Mengenproduktivität. Auf den ersten Blick scheint hier die Anwendung von Kettenindizes die bessere Lösung zu sein, da die Gewichtungsskala den laufenden Veränderungen der Basisstruktur „virtuell" angepaßt wird. Jedoch lassen sich ohne konstantes Gewichtungssystem und fixes Basisjahr kaum Untersuchungen über die Hauptursachen und Einflußstärke der für das *output*-Wachstum verantwortlichen Faktoren durchführen. Außerdem werden durch den jährlichen Wechsel der Preisgewichte die aneutralen Geldeinflüsse in die Berechnungen eingeschleust. Um daher wirklich die Realkosten zu messen, bleibt uns gar nichts anderes übrig, als mit konstanten Gewichten — für Wachstumsanalysen Basisgewichte — zu arbeiten. Es scheint zwar angebracht, bei Eintritt außergewöhnlicher wirtschaftlicher und politischer Ereignisse, die einen einschneidenden Bruch im volkswirtschaftlichen Wachstum darstellen — zum Beispiel der zweite Weltkrieg —, im Falle langfristiger Untersuchungen über 50 Jahre und mehr jeweils mit einem neuen Basisjahr zu beginnen. Diese Art der Verknüpfung des Prinzips der konstanten Gewichtung mit demjenigen der Verkettung in unregelmäßiger, historisch zufälliger Folge zeigt nach unserer Ansicht die verläßlichsten Resultate[102].

Unsere Annahme von der Konstanz des Kapitalkoeffizienten, um die Ausnutzungskoeffizienten zu berechnen, ist ebenfalls Ziel der Kritik.

W. E. G. Salter: Productivity and Technical Change. Cambridge (England): 1960, S. 19, der in klarer Form die Größe der Kapitalkosten c ableitet von der ursprünglichen Realinvestition I, von den gegenwärtigen Realkapitalgüter-Preisen p, von der Zinsrate (oder auch durchschnittliche Ertragsrate) r und von der erwarteten wirtschaftlichen Lebensdauer einer Anlage l. Demnach ist

$$c = f(I, p, r, l).$$

[102] Champernowne befürwortet die Verwendung fortlaufender Kettenindizes für die Messung der Kapitalmenge bei kontinuierlichen Fortschritten im verfügbaren technischen Wissen.

Siehe D. G. Champernowne: The Production Function and the Theory of Capital: A Comment. A. a. O., S. 112, 115 und 125.

Denn im Begriff des Realkapitalkoeffizienten werden die Lern- und Fortschrittskosten I_{tf}, der „menschliche Faktor“ (Organisation) nach Aukrust, *ex definitione* abstrahiert. Dieser Autor geht sogar so weit und sagt, daß die Idee der Konstanz des Realkapitalkoeffizienten beinahe allem widerspricht, was “we have learned about economic laws of production”[103]. In unseren Indexformeln zur Messung der Totalproduktivität (4), (5), (6), (7), (8) und (9) haben wir jedoch ausdrücklich die Lern- und Fortschrittskosten und deren Veränderung berücksichtigt. Die sehr große Streuung der Kapitalkoeffizienten in den einzelnen Wirtschaftsbereichen spricht gegen die Supposition eines einzigen Durchschnittskoeffizienten für die gesamte Volkswirtschaft. Wir sind jedoch lediglich von einer „empirisch“ festgestellten Konstanz des gesamten Kapitalkoeffizienten einer Volkswirtschaft — oder eines Bereichs — ausgegangen, der im historischen Substitutionsprozeß so ziemlich unverändert geblieben ist und ungefähr bei 3 für die gesamte Volkswirtschaft liegt. Deshalb erscheint die Ansicht berechtigt, daß das entwickelte Verfahren der Messung der Totalproduktivität (6, 8, 9, 11, 12 und 13) mehr leistet als die Aufstellung der erweiterten makro-ökonomischen Produktionsfunktion im Sinne Tinbergens zur Messung der Fortschrittskomponenten[104]. Zudem zeitigt die theoretische Annahme *der Unabhängigkeit und Gleichstellung* von Realkapital und technischem Fortschrittsfaktor eine gewisse Überbewertung der Wirksamkeit des Fortschrittfaktors auf das Gesamtwachstum. In der Tat ist der technische Fortschritt ohne gleichzeitigen Realkapital-*input* oder der erhöhte Realkapital-*input* ohne technischen Fortschritt makro-ökonomisch schwer vereinbar *à la longue*. Jedoch ist der technische Fortschritt im Zuge der reinen Re-Investition — Netto-Investition gleich Null — denkbar und trägt durch technische Verbesserungen

---

[103] O. Aukrust: Investment and Economic Growth. A. a. O., S. 39. Vgl. außerdem Solow, der in einer Kritik zu Aukrusts Artikel unter anderem die Erklärungsgründe für diese Konstanz der Kapitalkoeffizienten als gewogenen Durchschnittswert zusammenfaßt: Obwohl der Realkapitalstock rascher wächst als der *output,* bleibt die Konstanz gewahrt durch 1. den „eigentlichen technischen Fortschritt“, 2. „die statistische Unterschätzung der Kapitalgröße“ (immaterielles Kapital ausgeschlossen), 3. die Existenz von “increasing returns to scale”, 4. die strukturellen Veränderungen, die einerseits tendenziell die Schaffung neuer Service-Bereiche mit niedrigeren Kapitalkoeffizienten begünstigen und andererseits die Entwicklung der Bereiche mit hohen Kapitalkoeffizienten nicht ausschließt, 5. die Nichtberücksichtigung der qualitativen Verbesserungen, die vermutlich beim Realkapital von größerer Bedeutung sind als beim Total-*output;* 6. der Realkapitalstock wird mit Anschaffungs- oder Wiederbeschaffungswerten bewertet in der *„naiven“ Erwartung,* daß die zukünftigen Erträge diese Kosten immer decken. — Alle diese Faktoren verhindern ein langsfristiges Ansteigen des aggregierten Gesamtkapitalkoeffizienten. R. M. Solow: Investment and Economic Growth: Some Comments. PMR, No. 19, November 1959, S. 63–65.

[104] Auch das Meßverfahren nach Formel (5), wobei die Bestandgröße des Realkapitals eliminiert und nur Strömungsgrößen verwendet werden, scheint mit gewissen Einschränkungen brauchbar zu sein.

von Maschinen und Anlagen, aber auch durch organisatorische Verbesserungen dazu bei, das Wachstum des Sozialprodukts zu steigern.

Die Vorteile der erweiterten und entwickelten Produktionsfunktion nach Gl. (22 a) liegen darin, daß die beiden Prozesse der Substitution und des technischen Fortschritts, die sich miteinander in der Zeit vollziehen, getrennt und genauer untersucht werden können. Der modellmäßige Einbau der Wachstumskonponenten F^t darf als gelungen angesehen werden im Gegensatz zur Wachstumstheorie vom Harrod-Domar-Typ. Die drei Wachstumsfaktoren Arbeit, Kapital und technischer Fortschritt werden theoretisch simultan behandelt, wobei jedoch die Fortschrittskomponente F^t als *unabhängige* Variable eingeführt wird. Daran knüpft die Kritik an, die den Tatbestand aufzeigt, daß die zunehmende Kapitalausstattung pro Arbeitsplatz nicht unabhängig und getrennt vom technischen Fortschritt betrachtet werden kann[105]. So stichhaltig dieser Einwand *prima facie* erscheint, enthält er im Grunde nur ein Begriffsproblem. Wird der technische Fortschritt in dem Sinne umschrieben, daß nicht nur die Niveauverschiebung der Produktionsfunktionen, "cost-reducing innovations", und die neuen Produktionsfunktionen zur Erzeugung neuer Produkte, "want-creating innovations"[106], als *Rationalisierungseffekt* einbezogen sind, sondern außerdem noch die Erhöhung der Kapitalintensität — bei gleichbleibender Produktionsfunktion —, *der Mechanisierungseffekt,* ebenfalls darunter verstanden wird, dann sind sich die Geister einig.

Ferner sind noch andere gewichtige Argumente gegenüber der Methode der makro-ökonomischen Produktionsfunktion des genannten Typs aufzuführen. Als stillschweigende Voraussetzung wird *vollkommene Konkurrenz* bei Streben der Unternehmer nach Maximierung ihres Profits angenommen, und zum andern wird Kritik gegen die Annahme der *constant returns to scale* erhoben. Sicherlich stimmt die zuerst erwähnte Voraussetzung der vollkomenen Konkurrenz nicht mit der Wirklichkeit überein; aber als modifizierte Prämisse des "workable competition" als hinlängliche Annäherung im Sinne von J. M. Clark[107] können wir die erste Voraussetzung und die Folgerungen daraus im allgemeinen annehmen. Denn nur unter den Bedingungen eines Gleichgewichts bei vollkommener Konkurrenz oder zumindest in der Nähe dieses Gleichgewichts sind die Produktionselastizitäten der Einsatzfaktoren gleich ihren durchschnittlichen Netto-Produktivitäten (Faktoreinkommen). Damit wird auch *implicite* vermutet, daß beide Produktionsfaktoren vollbeschäftigt sind. Bei allgemeiner

---

[105] Vgl. Diskussionsbeitrag: von G. Menges zu: Quantitative und monetäre Aspekte des Wirtschaftswachstums. A. a. O., S. 237. Ferner auch C. C. von Weizsäcker: „Das Wachstum des Kapitalstocks bleibt einer der wichtigsten Faktoren der zeitlichen Entwicklung der Produktionskapazitäten. Aber durch den technischen Fortschritt werden erst die Investitionschancen geschaffen, die eine ständige Substitution von Arbeit durch Kapital ermöglichen." Derselbe in: Wachstum, Zins und optimale Investitionsquote. Basel—Tübingen: 1962, S. 47 f.

[106] Nach A. Lowe, a. a. O., S. 622.

[107] J. M. Clark: Toward a Concept of Workable Competition. AER *30* (1940), S. 241—256.

Unterbeschäftigung differieren ja die wirklichen Faktoreinkommen bzw. die relativen Faktoranteile und die aus dem Gesamt-*output* abgeleiteten Grenzprodukte der Produktionsfaktoren Arbeit und Kapital. Wird jedoch im besonderen auf Grund einer historischen Rezessionssituation — z. B. die große Depression der dreißiger Jahre — eine allgemeine Unterbeschäftigung festgestellt oder in einem bestimmten Wirtschaftsbereich die typischen Merkmale des unvollkommenen Marktes erkannt, so verspricht die Anwendung der entwickelten Cobb-Douglas-Produktionsfunktion keine wohlfundierten Ergebnisse. Denn die Auswirkungen sowohl von genereller Unterbeschäftigung als auch der Unvollkommenheit des monopolistischen Marktes beeinflussen a) die Nutzung der verfügbaren Produktionsfaktoren und b) auch deren Preise. Zwar haben die Preise bei der realökonomischen Messung nur Gewichtungscharakter, so daß die Wirkungen der Preisänderungen keinen so bedeutsamen Einfluß auf das Endergebnis auszuüben vermögen.

Als weiterer Einwand ist zu erwähnen, daß für den Kapitalfaktor die *verfügbare,* aber nicht die genutzte Kapitalmenge in der Funktion enthalten ist. Ausnutzungsgrad und Strukturfaktor werden vernachlässigt innerhalb der gesamtwirtschaftlichen Produktionsfunktion. Der produzierte Gesamt-*output* kann aber nur als kausale Funktion der *beschäftigten* Mengen von Arbeit und Kapital verstanden werden, wobei *implicite* ein makro-ökonomisches Gleichgewicht als Grundvorstellung und Ausgangspunkt der Untersuchung angenommen wird. Zwar wurde diesem Einwand sowohl von Solow als auch von Niitamo bei ihren Untersuchungen Beachtung geschenkt und die betreffende Produktionsfunktion entsprechend korrigiert. Bei Fehlen von jährlichen Zahlenreihen über den gesamtwirtschaftlichen Ausnutzungsgrad des Kapitals nimmt Solow der Einfachheit halber an, das Realkapital erleide jeweils denselben prozentualen Anteil an Nichtbeschäftigung wie der Arbeitsfaktor, entsprechend dem Verhältnis von Arbeitslosenzahl zu Arbeitspotential[108]. Wenn heute angenommen werden kann, daß die limitationalen Produktionsprozesse in den modernen Volkswirtschaften entwickelter Länder weitaus überwiegen, so scheint dieses Vorgehen gerechtfertigt. Jedoch bleibt theoretischerseits ein Unbehagen bestehen, da ja die Cobb-Douglas-Produktionsfunktion von vornherein eine unbegrenzte Substitutionalität annimmt.

Die andere Annahme von den *constant returns to scale,* des gleichbleibenden Ertragszuwachses, gibt ebenfalls Anlaß zu einer eingehenden Kritik. Gegen die rein theoretische Vermutung, wie sie eine Reihe von Gelehrten in ihren Modellbetrachtungen unausgesprochen oder ausdrücklich implizieren, läßt sich wenig einwenden[109]. Wir können jedoch fragen:

---

[108] R. M. Solow: Technical Change and the Aggregate Production Function. A. a. O., S. 314.

[109] Vgl. P. A. Samuelson und R. M. Solow, die ein Modell des stetigen gleichgewichtigen Wachstums konstruieren, wobei eine homogen-lineare Produktionsfunktion verwendet wird, die eine kontinuierliche Substitution der *input*-Faktoren erlaubt unter der Annahme der *constant returns to scale.* Dieselben: Balanced Growth under Constant Returns to Scale. Ectrica *21* (1953), S. 412 bis 424.

Läßt sich empirisch auf lange Sicht eine eindeutige Tendenz des fallenden, steigenden oder des konstanten Ertragszuwachses für die gesamte Volkswirtschaft — nicht für die Industrie oder einen Wirtschaftsbereich allein — ermitteln? — Die Beantwortung dieser Frage ist deswegen von großer Wichtigkeit, da ja die statistische Konzeption der Messung des technischen Fortschritts in der Gesamtwirtschaft, der Zweck unserer Studie, das Arbeiten mit empirischen Datenreihen als Voraussetzung verlangt. Die Feststellung einer vermehrten Integration von Produktionsprozessen wäre als Indiz für den steigenden Ertragszuwachs zu beurteilen.

Schon vor Jahrzehnten untersuchte Karl Diehl die Frage der *Wirksamkeit eines allgemeinen, gültigen Ertragsgesetzes* für die gesamte Volkswirtschaft. Auszuschalten ist bei der Beantwortung der subjektive, individualistische Gesichtspunkt, wie er nach dem hedonistischen Prinzip im Sättigungsgesetz von Gossen zum Ausdruck kommt, wonach durch vermehrte Bedürfnisbefriedigung sich das subjektive Genußempfinden verringert und schließlich Sättigung erreicht wird. Nein, es geht dabei um objektive, technologisch bestimmte Tatsachen-Zusammenhänge zwischen Faktor-Einsatz und Produktionsausstoß. Am Schlusse seiner scharfsinnigen Ausführungen schreibt Diehl:

„Wir werden auch in Zukunft drei Problemstellungen und Untersuchungsobjekte vollkommen getrennt halten müssen: 1. *das Gesetz vom abnehmenden Bodenertrag* als eine *auf dem Gebiete der Urproduktion* vorfindliche Erscheinung, die auf gewisse Schwierigkeiten in der Vermehrung des Rohertrages proportionell mit der Vermehrung der Produktionselemente hinweist; 2. *die Tendenz der zunehmenden Erträge in der weiterverarbeitenden Industrie* und das damit verknüpfte Problem, ob und inwieweit trotz dieser allgemeinen Tendenz in bestimmten Fällen auch in der Industrie von einem bestimmten Punkte ab aus technisch-organisatorischen Gründen Rückgänge in der physischen Produktivität möglich sind; 3. erst dann kommen die von den beiden ersten Problemen vollkommen zu trennenden *Fragen des Reinertrages im Betrieb.*“[110] Empirisch aufgefaßt, als praktisches betriebswirtschaftliches und volkswirtschaftliches Problem, gibt es eine Pluralität von Gründen, warum die Betriebsgrößen in der Realität von der optimalen Betriebsgröße abweichen:

1. Tendenz zur *dimensionalen Vergrößerung der Realkapital-Investitionsquanten* bei vorausschreitender Technik in wachsender Volkswirtschaft.

2. Aufbau von *Überkapazitäten* in Konjunkturaufschwung und Perioden starken Wirtschaftswachstums infolge von zu optimistischen Ertragserwartungen der Unternehmer.

3. *Änderungen in der Nachfragestruktur,* wobei durch Abwanderung der Nachfrage in den alten Wirtschaftsbereichen Überkapazitäten, d. h. nicht voll ausgelastete Kapazitäten, bestehen.

4. Die *Eigenart der neuen Produkte und deren Absatz* erzwingen oft geradezu eine über-optimale Betriebsgröße. Ein Musterbeispiel dafür ist

---

[110] K. Diehl: Gibt es ein allgemeines Ertragsgesetz für alle Gebiete des Wirtschaftslebens? JbfNSt. *120,* III. Folge *65* (1923), I, S. 32.

die Markenartikel-Industrie, die mit steigenden Vertriebs- und Werbungskosten arbeitet.

5. *Falsche Schätzungen über die Mengen des möglichen Absatzes.*

6. *Zum Zwecke der unternehmerischen Risikostreuung* wird eine Sortimentsvergrößerung vorgenommen und damit auch *eine überoptimale Betriebsgröße* aufgebaut.

7. *Welcher Unternehmer kennt seine Grenzkosten und Grenzerlöse im Mehr-Produktbetrieb für jede einzelne Produktart?*

8. *Die Kapazitätsgrenzen sind elastischer,* als von der Theorie in der traditionellen *short run*-Betrachtungsweise angenommen wird. Durch Steigerung der Leistungsintensität und zeitliche Ausdehnung (Mehrschichten, Überstunden) können diese Grenzen innerhalb eines gegebenen Spielraums rasch verschoben werden.

9. Die Möglichkeit von *external economies* in der Organisation eines Bereichs der verarbeitenden Industrie[111] *als Gegengewicht zum sinkenden Ertragszuwachs bei Betriebsgrößen jenseits des Optimalpunktes.*

10. *Bei Produktions-Integration besteht die Gefahr, infolge falscher Verrechnungspreise* einzelne Teilbetriebe nicht optimal zu dimensionieren.

11. *Kartell und Monopol* begünstigen den Aufbau von das optimale Maß überschreitenden Betriebsgrößen.

12. Auch *steuerliche Gründe,* wie übermäßige Abschreibungen und Steuerflucht-Investitionen, können verantwortlich für überoptimale Kapazitäten sein.

13. *Schutzzölle und administrativer Protektionismus* sind ebenfalls Gründe für das Bestehen von die Optimumsschwelle über- und unterschreitenden Betriebsgrößen.

14. In gleicher Weise können *Subventionen* des Staates ein Abweichen von der optimalen Betriebsgrößen-Struktur nach oben und unten bewirken, wie das beispielsweise in der Landwirtschaft der Fall ist[112].

15. *Die Staatsbetriebe selbst entsprechen* aus politischen oder anderen Gründen wie dem allzumenschlichen Trägheitsmoment der Verwaltung *nicht dem Modellgedanken von der optimalen Betriebsgröße.*

Die Gesamt-Ertragskurve hat gemäß dem logisch-abstrakten Ertragsgesetz eine S-förmige Form[113]. Wird auf der Ordinate die Ausbringungsmenge (Ertrag) und auf der Abszisse die variable Einsatzmenge eines Faktors — bei Konstanz des Faktoreinsatzes der übrigen Produktionsfaktoren — abgetragen und zur Gesamt-Ertragskurve ihre erste und zweite

---

[111] Dieser Kompensationseffekt von *external economies* und *decreasing returns* dürfte im Falle der Landwirtschaft und Grundindustrie in geringerem Maße spielen, da dort der Testfall vom abnehmenden Ertragszuwachs von vornherein gegeben ist.

[112] Vgl. dazu T. Beste, der fünf der obgenannten Gründe anführt. Derselbe: Die optimale Betriebsgröße. Leipzig: 1933.

[113] Diesen Kurvenverlauf beschrieb schon A. R. J. Turgot (1727—1781) qualitativ einwandfrei.

Ableitung sowie die Durchschnittsertragskurve des variablen Faktors hinzugefügt; so läßt sich die optimale Betriebsgröße theoretisch bestimmen. Bekanntlich liegt dann der theoretische Optimalpunkt der Betriebsgröße dort, wo der durchschnittliche Ertrag sein Maximum erreicht und sich Durchschnittsertrags- und Grenzertragskurve schneiden, d. h. der Durchschnittsertrag und Grenzertrag gleich groß sind[114]. Dieser Punkt P_0 bestimmt das bestmögliche Kombinationsverhältnis der Produktionsfaktoren, vom Gesichtspunkt des variablen, beliebig teilbaren Produktionsfaktors r aus gesehen. Graphisch dargestellt, zeigt sich der Kurvenverlauf in folgender Figur:

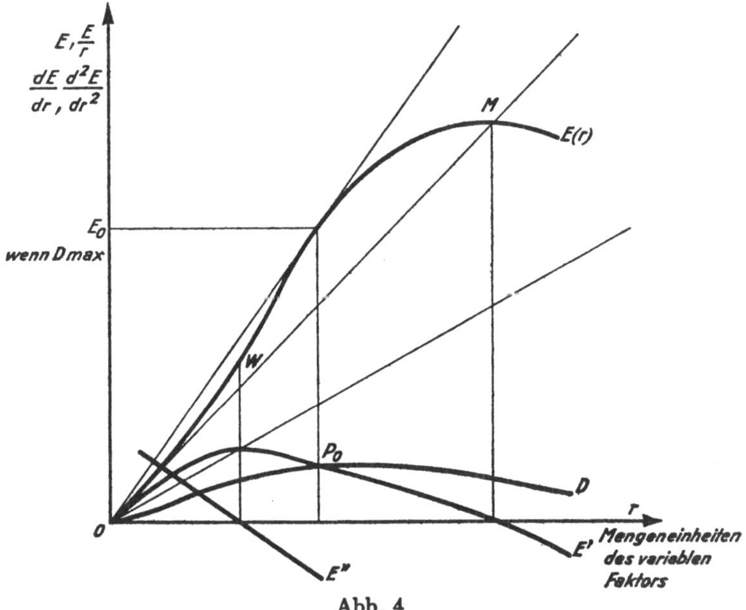

Abb. 4

$E(r)$ = Gesamtertragskurve; D = Durchschnittsertragskurve, E/r; E' = Grenzertragskurve, $\frac{dE}{dr}$; E'' = 2. Ableitung von $E(r)$, $\frac{d^2E}{dr^2}$; W = Wendepunkt der Gesamtertragskurve, wenn E'_{max}; P_0 = Optimalpunkt, $E' = D$; M = Maximum der Gesamtertragskurve, wenn $E' = 0$

Die drei Ertragskurven erreichen nacheinander ihr Maximum in der Reihenfolge: Grenzertragskurve E', Durchschnittsertragskurve D und Gesamt-Ertragskurve E. Durch den eigentlichen technischen Fortschritt werden nun die Ertragskurven (Gesamtertrag, Durchschnittsertrag und Grenzertrag) simultan mit dem Optimalpunkt verschoben. Somit bedeutet

[114] Siehe E. Gutenberg: Die Produktion. Bd. 1 der Grundlagen der Betriebswirtschaftslehre. Berlin—Heidelberg: 1951, S. 213 und 214. Derselbe: Über den Verlauf von Kostenkurven und seine Begründung. ZfhF, N. F. 5 (1953). Derselbe: Offene Fragen der Produktions- und Kostentheorie. ZfhF, N. F. 8 (1956). — C. Menger: Bemerkungen zu den Ertragsgesetzen. ZfN 7 (1936).

die Durchsetzung neuer technischer Fortschritte ein „*Hinausschieben*" – nicht „Aufheben" – der Gültigkeit des sogenannten Ertragsgesetzes[115].

Bei der Cobb-Douglas-Produktionsfunktion ist aber im Gegensatz zum klassischen Ertragsgesetz die Substitution unbegrenzt kontinuierlich möglich, so daß die Ertragskurve einen anderen Verlauf nimmt als in Abb. 4. In der nachfolgenden Graphik (Abb. 5) zeigt die Ertragskurve einen konkaven Verlauf – vom Ursprung aus gesehen – entsprechend der Gesetzmäßigkeit der abnehmenden Grenzrate der Substitution im Rahmen einer Produktionsfunktion des homogen-linearen Typs. Wird

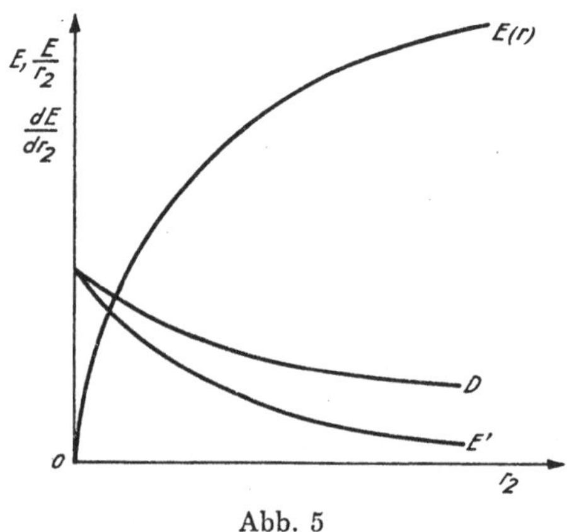

Abb. 5

beispielsweise der Realkapital-Faktoreinsatz vergrößert bei gleichbleibendem Arbeitseinsatz, so sinkt die Grenzproduktivität des Kapitals, und es ergibt sich als Resultat ein *sinkender Ertragszuwachs*[116].

---

[115] Vgl. E. Carell: Abnehmender Bodenertragszuwachs. Artikel im HSozw., Bd. 1, S. 7–9. – G. Dlugos: Kritische Analyse der ertragsgesetzlichen Kostenaussage. Berlin: 1961. – H. Jacob: Zur neueren Diskussion um das Ertragsgesetz. ZfhF, N. F. *9* (1957). Derselbe: Das Ertragsgesetz in der industriellen Produktion. ZfBw. *30* (1960), Heft 8. – A. Mitscherlich: Die Ertragsgesetze. Berlin: 1954. – V. Appavadhanulu: Returns to Scale and Choice of Technique. IER *5* (1961).

[116] Für den dargestellten Kurvenverlauf gilt näherungsweise der allgemeine Ansatz:

$$E = b \,.\, r_1^m \,.\, r_2^{l-m},$$

bzw.

$$E = b \,.\, r_1^m \,.\, r_2^n,$$

wobei der Koeffizient b und die Exponenten m und n Konstante sind und $m + n = l$.

Wenn der Produktionsfaktor r_1 konstant gehalten wird, dann ist die Grenzproduktivität von r_2:

$$\frac{\delta E}{\delta r_2} = n \cdot \frac{E}{r_2} = b \,.\, r_1^m \,.\, n \,.\, r_2^{n-1}.$$

Und somit die Durchschnittsproduktivität des Faktors r_2:

$$\frac{E}{r_2} = b \,.\, r_1^m \,.\, r_2^{n-1}.$$

Wenn nun ein technischer Fortschritt in der Wirtschaft eingeführt und durchgesetzt wird, so bedeutet dies eine Verschiebung der Ertragskurve. Wird zugleich mit der Einführung dieses technischen Fortschritts der Faktoreinsatz an Realkapital vergrößert, d. h. die Kapitalinsität erhöht bei konstantem Arbeitseinsatz, so steigt verständlicherweise auch die durchschnittliche Arbeitsproduktivität.

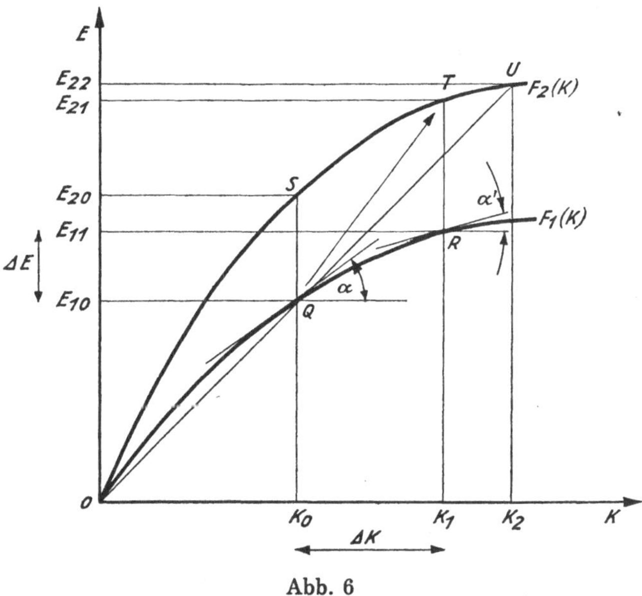

Abb. 6

In der obigen Skizze wird der Realkapitalfaktor als der variable Faktor angenommen, während die Faktoreinsätze der anderen Produktionsfaktoren — im Zwei-Faktoren-Modell allein die Arbeit — als konstant betrachtet werden[117]. Die Ertragsfunktion F_1 (K) stellt die ursprüngliche Ertragssituation vor Anwendung eines technischen Fortschritts dar. Beim Kapitaleinsatz $O K_0$ ist daher der Ertrag $O E_{10} = K_0 Q$. Entsprechend der abnehmenden Steigung der Ertragskurve (F_1) sinkt auch die Grenzpro-

[117] Um die Kapitalakkumulation als solche darzustellen, haben wir verzichtet, in vorstehender Abbildung (Abb. 6) die Relationen Kapitalintensität K/A und durchschnittliche Arbeitsproduktivität E/A auf Abszisse und Ordinate abzutragen, um somit deren Veränderungen anhand zweier Produktionsfunktionen aufzuzeigen, wie z. B. Solow und Modigliani vorgehen. Meade ist ein Vertreter unserer Ansicht und begnügt sich ebenfalls mit der Darstellung der Gesamtgrößen Kapital und Ausbringungsmenge. Vgl. J. Meade: A Neo-Classical Theory of Economic Growth. London: 1960, S. 25 und 41. — Übrigens zeichnet Solow s-förmige Kurvenverläufe entsprechend dem „klassischen" Ertragsgesetz, was den Grundannahmen einer Cobb-Douglas-Produktionsfunktion nicht entspricht. Siehe Solow, Technical Change and the Aggregate Production Function. A. a. O., S. 313.

duktivität des Kapitals bei gesteigertem Realkapital-*input*. Wird also die Kapitalmenge um ΔK erhöht, so daß der gesamte Kapital-*input* $O K_1$ beträgt, so steigt der Ertrag um ein Geringeres, um ΔE auf $O E_{11} = K_1 R$. Denn offensichtlich ist der Tangens α in Punkt Q größer als α' in Punkt R.

Die Einführung eines technischen Fortschritts wird sodann durch die nach oben verschobene Funktion $F_2(K)$ versinnbildlicht, d. h. mit gegebenem Kapital-*input* K_0 kann eine größere *output*-Menge $O E_{20} = K_0 S$ hervorgebracht werden. Bei der Einsatzmenge K_1 ist dann unter den geänderten Produktionsverhältnissen eine Ausbringungsmenge von $O E_{21} = K_1 T$ zu erzielen möglich. Die Rate des technischen Fortschritts für die angegebenen beiden Fälle ist dann einmal

$$\frac{Q S}{Q K_0} = \frac{E_{10} E_{20}}{O E_{10}},$$

und zum andern

$$\frac{R T}{R K_1} = \frac{E_{11} E_{21}}{O E_{11}}.$$

Ferner wurde in der Abb. 6 noch ein dritter Fall eingezeichnet. Der Kapital-*input* $O K_2$ ermöglicht einen *output* von $O E_{22} = K_2 U$. Dieser Punkt U von $F_2(K)$ liegt aber auf der Verlängerung des Radius-Vektors $O Q$, was besagt, daß in den beiden Punkten Q von $F_1(K)$ und U von $F_2(K)$ der Kapitalkoeffizient K/E jeweils derselbe ist.

$$\left(\frac{O K_0}{Q K_0}\right) \equiv \left(\frac{O K_2}{U K_2}\right), \quad \text{bzw.} \quad \left(\frac{O K_0}{O E_{10}}\right) \equiv \left(\frac{O K_2}{O E_{22}}\right).$$

Hier liegt ein *neutraler* technischer Fortschritt im Sinne Harrods vor[118]. Ein *neutraler* technischer Fortschitt nach Hicksscher Auffassung ist durch die Bewegung von Q nach S (Fall 1) oder von R nach T (Fall 2) ausgedrückt. Hier steigt bei gegebenem *input* und konstanten Gesamtkosten der *output* in gleichem Maße wie die Grenzproduktivitäten. Somit beschreibt diese Maßstabfunktion des technischen Fortschritts das relative Wachstum des *output* bei gleichbleibendem Faktoreinsatz, was allein der verbesserten Produktionstechnik zuzuschreiben ist[119]. In Symbolen geschrieben ist bei konstanter Faktoreinsatzmenge von K und A dann ein *neutraler* technischer Fortschritt gegeben, wenn

$$F_2(A, K) = b(t)\, F_1(A, K),$$

wobei

$$b(t) > 1.\ ^{120}$$

---

[118] R. F. Harrod: Towards a Dynamic Economics. London: 1948, S. 23, wobei die *Konstanz des Zinssatzes* eine Grundvoraussetzung für den gleichbleibenden Wert des Kapitalkoeffizienten im Zeitablauf ist.

[119] J. R. Hicks: The Theory of Wages. 2. Aufl., New York: 1948, S. 121 f.

[120] Vgl. auch F. Modigliani: The Behavior of Income Shares. In Studies in Income and Wealth 27, Princeton: 1964, S. 44.

Obige Gleichung besagt, daß durch Multiplikation des Ordinaten-Wertes (der Ertragsmenge) der Funktion F_1 mit dem Faktor $b\ (t)$ der Kurvenverlauf von F_2 bestimmt werden kann. Dieser multiplikative Faktor $b\ (t)$ ist nichts anderes als der Fortschrittsindex von Solow. Denn bei konstanten Skalenerträgen sind die beiden Produktionselastizitäten von Arbeit und Kapital — bzw. die Grenzelastizitäten der Substitution zwischen Arbeit und Kapital — gleich der Einheit (—1), so daß die Einkommensanteile der Produktionsfaktoren selbst bei Änderungen des Faktorangebots konstant bleiben[121].

Zurückkommend auf die eigentlichen Ersparnisse auf Grund der Skalenerträge bleibt zu erwähnen, daß das Wirtschaftswachstum und die Steigerung der Ausbringungs- und Absatzmengen weitere *economies of scale* ermöglichen, die wiederum den technischen Fortschritt (autonome Neuerungen) anregen können. In diesem Zusammenhang ist der *aneutrale* Einfluß der Preise auf Produktion und Absatz nicht zu vergessen. Auf der Angebotsseite ist bei technischen Fortschritten und *economies of scale* eine Tendenz zum Sinken von Kosten und Preisen und deren Auswirkung auf die Ausbringungsmengen zu verzeichnen. Dazu können auf der Nachfrageseite andere Kräfte den Produktivitäts-Preiseffekt und die *economies of scale* auf den *output* verstärken. Die Änderungen der Nachfrage-Struktur infolge geänderter Konsumenten-Präferenzen sind hier zu nennen; z. B. begünstigen Einkommenserhöhungen den Kauf *neuer* Produkte, und solche Industrie-Bereiche, die neue Produkte herstellen, expandieren erfahrungsgemäß meistens rascher. Wenn auch der Statistiker durch die Deflationierung die Einflußkomponente der Preise *prima vista* ausgeschaltet hat, so ist durch das kombinierte Wirken des erwähnten Produktivität-Preiseffekts und der *economies of scale* ein nicht ausscheidbarer aneutraler Preiseinfluß in seinen verwendeten Maßgrößen mit drin. Für die statistische Bearbeitung der Erfahrungstatsachen ist dieses Vorgehen gerechtfertigt, jedoch entsprechen die deflationierten Größen nicht dem Ertragsgesetz in seiner rein technologischen Variante, wonach die Faktor-Einsatzmengen in *eindeutig* funktioneller Beziehung zur Ausstoßmenge stehen. Diese wechselseitige Abhängigkeit vom technischen Fortschritt und den *economies of scale* in der wirtschaftlichen Wirklichkeit läßt sich offensichtlich nicht statistisch aufspalten. Darin liegt auch einer der Hauptmängel unserer Messungsmethoden, speziell des Verfahrens mit Hilfe der Grenzproduktivität in Form einer Art von Cobb-Douglas-Produktionsfunktion.

Als weiteres erschwerendes Moment ist anzuführen: Selbst wenn es gelänge, den *scale*-Effekt zu isolieren, so kann dieser sich von Bereich zu Bereich, von Periode zu Periode ändern. Überdies gibt es, wie wir

---

[121] Bekanntlich geht Solow von einer gleichbleibenden Grenzelastizität der Substitution zwischen Arbeit und Kapital aus, die *eins* (—1) ist im Rahmen einer Cobb-Douglas-Funktion. Das schließt wiederum in sich wie bei Hicks, daß bei konstantem Faktor-*input* die zusätzliche *output*-Menge die Maßgröße für den *neutralen* technischen Fortschritt ist.

gezeigt haben, in unserer wirtschaftlichen Erfahrungswelt über- und unter-optimale Betriebsgrößen auf Grund der verschiedensten Beweggründe. Zusammenfassend kommt Krelle doch zum Schluß, daß „die gesamtwirtschaftliche Grenzproduktivitätstheorie“ trotz „recht erheblicher Mängel“ ... zu „relativ guten *empirischen Ergebnissen* gelangt“. Voraussetzung dafür ist jedoch eine „geeignete Wahl“ der Faktorindizes[122].

Der formale mathematische Unterschied zwischen den Gleichungen zur Messung der totalen Mengenproduktivität und denjenigen, die auf Grund der Produktionsfunktion vom Cobb-Douglas-Typ aufgestellt sind, liegt darin, daß diese die Anwendung der Differentialrechnung bedingen[123], während jene mit der Differenzenrechnung arbeiten. Bei Benutzung der Differenzenrechnung werden die Meßziffern *multiplikativ* miteinander verknüpft, wogegen bei Verwendung der Differentialrechnung die Indizes (Änderungsraten) *additiv* verbunden werden. Rein theoretisch läßt sich keine Aussage darüber machen, welcher Art von Produktionsfunktion der Vorzug zu geben ist. Hervorzuheben bleibt jedoch, daß der technische Fortschritt beim Rechnen mit den gleichen statistischen Realreihen je nach Verwendung der einen oder andern Produktionsfunktion *unterschiedliche Raten* ausweist.

Das ist darauf zurückzuführen, daß der von uns zuerst entwickelte Meßansatz von der totalen Mengenproduktivität die Steigerung der *output*-Menge, hervorgerufen durch den technischen Fortschritt, aber auch durch den erhöhten Faktor-*input,* in Beziehung setzt zur Ausbringungsmenge bei erhöhtem Faktoreinsatz ohne technischen Fortschritt. Dagegen mißt der Index der Restkomponenten in einer entwickelten Cobb-Douglas-Funktion die Steigerung der physischen Produktionsmenge, bezogen auf die Produktionsmenge des Basisjahres, korrigiert durch die Veränderungen des Faktoreinsatzes. Letzterer Index gibt also die Produktionssteigerung durch den *neutralen* technischen Fortschritt bei konstantem Faktoreinsatz an. Auf diese Weise sind die Wirkungen von Veränderungen (Erhöhungen) des Faktor-*input* und die Wirkungen des technischen Fortschritts auf die *output*-Menge exakt unterscheidbar.

Eine solche exakte Unterscheidung kann mittels des erstgenannten Verfahrens der Messung der totalen Mengenproduktivität nicht durchgeführt werden. Jedoch arbeitet dieser Index der Mengenproduktivität *nicht* mit der Prämisse eines *neutralen* technischen Fortschritts.

Als Beweis für die unterschiedlichen Resultate beider Meßmethoden diene die folgende, vereinfachte Darstellung:

---

[122] Siehe W. Krelle: Verteilungstheorie. Tübingen: 1962, S. 70.

[123] Siegel meint dazu, daß die Aufstellung der Cobb-Douglas- und verwandter Regressionsgleichungen als differenzierbare mathematische Funktionen von Einsatzfaktoren und Ausstoßmengen “permit the calculation of what at least formally ressembles marginal productivity”. I. H. Siegel: Aspects of Productivity Measurement and Meaning. In: Productivity Measurement Concepts. Herausgegeben von der European Productivity Agency, Bd. 1. OEEC, Paris: 1955, S. 46.

Annahmen: Produktionselastizität der Arbeit $m = 0{,}6$,
Produktionselastizität des Kapitals $n = 0{,}4$,
Arbeits-*input* konstant in der Zeitfolge = 100,
Kapital-*input*, wachsend in der Zeitfolge jeweils um 20 pro Periode:
$t_o = 100,\ t_1 = 120, \ldots\ t_n = t_o + n \cdot 20,$
Total-*output* wachse mit Hilfe des technischen Fortschritts um 20 je Zeitabschnitt.

Daraus lassen sich für beide Meßverfahren folgende tabellarische Aufstellungen berechnen[124]:

Tabelle 8. Totale Mengen-Produktivität (NBER)

Periode	Input		Output		Technischer Fortschritt	
	A	K	ohne F^t	mit F^t	F^t total	F^t pro Periode
0	100	100	100	100	1,0000	1,0000
1	100	120	108	120	1,1111	1,1111
2	100	140	116	140	1,2068	1,0861
3	100	160	124	160	1,2903	1,0691
4	100	180	132	180	1,3636	1,0568
5	100	200	140	200	1,4286	1,0477

Cobb-Douglas-Produktionsfunktion

Periode	Input		Output		Technischer Fortschritt	
	A	K	ohne F^t	mit F^t	F^t total	F^t pro Periode
0	100	100	100	100	1,0000	1,0000
1	100	120	107,57	120	1,1155	1,1155
2	100	140	114,41	140	1,2237	1,0970
3	100	160	120,69	160	1,3257	1,0833
4	100	180	126,50	180	1,4229	1,0733
5	100	200	131,95	200	1,5157	1,0652

Die Rate der Restkomponenten des Wirtschaftswachstums F^t wird bei der entwickelten Cobb-Douglas-Produktionsfunktion etwas höher ausgewiesen, weil das Grenzprodukt bei der angenommenen Exponentialfunktion zum Fallen tendiert (fallender Ertragszuwachs) und nicht konstant bleibt wie bei der linearen Produktionsfunktion des NBER-Ver-

[124] Siehe dazu auch H. Riese: Strukturprobleme des Wirtschaftswachstums. A. a. O., S. 29 und 30.

fahrens. In letzterem Falle wird bei gleichen Realreihen für den Total*output* die Restwert-Größe notwendigerweise etwas niedriger sein.

Bauen wir in die vorstehende Tab. 8 die *Annahme von steigenden Lern- und Forschungskosten* I_{tf} zusätzlich ein unter der Voraussetzung, daß sich diese Kosten linear jeweils um fünf Punkte pro Periode erhöhen. Somit ergeben sich für den technischen Fortschritt je nach der verwendeten Methode folgende geänderte Werte:

Tabelle 9. Totale Mengen-Produktivität (NBER)

Periode	Input			Output	Technischer Fortschritt	
	A	K	I_{tf}		F^t total	F^t pro Periode
0	100	100	100	100	1,0000	1,0000
1	100	120	105	120	1,1077	1,1077
2	100	140	110	140	1,2000	1,0833
3	100	160	115	160	1,2800	1,0666
4	100	180	120	180	1,3500	1,0547
5	100	200	125	200	1,4118	1,0458

Cobb-Douglas-Produktionsfunktion

Periode	Input			Output	Technischer Fortschritt	
	A	K	I_{tf}		F^t total	F^t pro Periode
0	100	100	100	100	1,0000	1,0000
1	100	120	105	120	1,0624	1,0624
2	100	140	110	140	1,1124	1,0471
3	100	160	115	160	1,1522	1,0357
4	100	180	120	180	1,1857	1,0291
5	100	200	125	200	1,2126	1,0226

Aus vorstehender Tab. 9 wird ersichtlich, daß durch die Annahme eines dritten Einsatzfaktors, der Lern- und Forschungskosten I_{tf} — der laut Annahme langfristig eine Tendenz zum Steigen zeigt —, die Restfaktor-Größe F^t als Ergebnis beider Meßverfahren bedeutungsvoll verkleinert wird. Letztere Größe erklärt in diesem Zusammenhang nur noch *die* Steigerung des Gesamtprodukts, die weder auf eine Erhöhung der Kapitalintensität noch auf eine Erhöhung der Lern- und Forschungskosten zurückgeführt werden kann. In der erwähnten Tab. 9 (unterer Teil) für die Berechnung der entwickelten Cobb-Douglas-Produktionsfunktion wurden die in Tab. 8 für diese Funktion ermittelten Werte des technischen Fortschritts dividiert durch den sich ändernden Einsatz des *dritten* Faktors. Dieses Vorgehen ist nicht korrekt, jedoch ist der Fehler nicht gerade schwerwiegend. Genau genommen wäre dem Faktor technischer

Fortschritt eine eigene Produktionselastizität zuzuschreiben — die Produktionselastizitäten von Arbeit und Realkapital zu verringern — und der gesamte Ausdruck erneut durchzurechnen. — Welche Größenordnung aber die Produktionselastizität des dritten Faktors (von I_{tf}) aufweist, darüber wissen wir bis heute noch sehr wenig. In dieser Hinsicht ergibt sich für die „Bildungsökonomie" noch ein weites Forschungsfeld in der Zukunft. Rein schematisch abgeleitet, sollte diese spezielle Produktionselastizität dieselbe Größe wie diejenige (bereinigte) des Realkapitals aufweisen, wenn das Produktionsergebnis maximal gestaltet werden soll. — Es besteht kein Zweifel darüber bei den Ökonomen seit Jean Bodin, Adam Smith, Friedrich List, Heinrich von Thuenen, Alfred Marshall und Irving Fisher als Vorläufer, daß die sogenannte Investition in „Human Capital" das Wirtschaftswachstum fördert. Jedoch schreibt Schultz dazu: „What is not known is the approximate magnitude of these benefits and what they imply as a *rate* of return on the expenditures for this research."[125] Zwar liegen schon einzelne Resultate in dieser Beziehung vor, jedoch scheinen diese noch zu wenig gesichert zu sein, um gesamtwirtschaftlich fundierte Schlüsse ableiten zu können[126]. Skeptisch äußert sich in dieser Beziehung Bombach; da die Kosten für diesen Faktor sich nicht *unmittelbar* in der kurzen Periode in einen Ertrag bzw. eine Ertragserhöhung verwandeln, sondern erst langfristig wirksam werden [können], scheint es nach seiner Ansicht nicht möglich, „direkte Zusammenhänge zwischen laufenden [I_{tf}-]Ausgaben und dem allgemeinen Fortschritt zu entdecken"[127]. Diese Skepsis ist sicher nicht für alle Kostenarten von I_{tf} am Platze.

Es sollte aber doch möglich sein, die Forschungsinvestitionen in den Privatunternehmungen mittelfristig in eine Beziehung zu bringen mit den Ertragserhöhungen auf Grund dieser speziellen Kosten. Denn die Zielsetzung der Ertragssteigerung liegt ja schon im Begriff, dem Sinn und Zweck einer privaten Investition. Anders verhält es sich zugegebenermaßen bei den eigentlichen Bildungsinvestitionen, seien sie vom Staat oder von Privaten getragen. Bei dem vorherrschenden materiellen Denken scheinen jedoch gerade die von den privaten Haushalten durchgeführten

[125] T. W. Schultz: The Economic Value of Education. New York and London: 1963, S. 67.

[126] Die beste makro-ökonomische Arbeit zu diesem Problem stammt unseres Erachtens von E. F. Denison: The Sources of Economic Growth and the Alternatives Before Us. New York: 1962. Dieser Autor kommt in seiner Schätzungsrechnung auf einen Beitrag von 20 % der Fortschritte im menschlichen Wissen in bezug auf die Gesamtwachstumsrate der US-Volkswirtschaft in den Jahren 1929—1957 (vgl. Tafel 32, S. 266).

[127] G. Bombach: Bildungsökonomie, Bildungspolitik und wirtschaftliche Entwicklung. In: Bildungswesen und wirtschaftliche Entwicklung. Heidelberg: 1964, S. 15 f. Übrigens hat Seymour E. Harris in seinem Werk Higher Education: Resources and Finance. New York: 1962, den Teil 7 (S. 499—633) dem Kosten- und Preisproblem für Hochschulstudien gewidmet. Er weist auf das rasche Ansteigen der Hochschulausbildungskosten pro Student hin; ungefähr 5 % p. a.

Bildungsinvestitionen eng mit individuellen Ertragserwartungen über ein größeres zukünftiges persönliches Einkommen zusammenzuhängen[128]. Somit läßt sich auch von dieser Seite aus auf eine bewußte Investition zur Steigerung der Arbeitsqualität und Arbeitsproduktivität in gesamtwirtschaftlicher Sicht schließen.

Ein letztes Argument gilt für alle Messungsmethoden, nämlich daß sich auf den statistisch festgestellten Restwert des technischen Fortschritts alle „statistischen Ermittlungsfehler vorausgegangener Größen konzentrieren“[129]. So berechtigt dieser Einwand auch ist, so zielt er eigentlich nur darauf hin, die Erhebungs- und Messungsergebnisse zu verbessern, jedoch nicht die Messung des technischen Fortschritts grundsätzlich abzulehnen oder als unmöglich hinzustellen.

Abschließend bleibt zu bemerken, daß es wenig sinnvoll ist, ausgeklügelte und scheinbar mathematisch exakte Messungsmethoden für den technischen Fortschritt zu erfinden, solange die Ausgangsdaten auf zuwenig gesicherten Grundlagen und vagen theoretischen Vermutungen beruhen. Darum sind beim jetzigen Stand der Dinge die einfacheren Methoden gerechtfertigt, die uns wenigstens ein realistisches Bild von der Größenordnung und Wirkungskraft der Fortschrittskomponenten im Hinblick auf das gesamtwirtschaftliche Wachstum vermitteln. In diesem Sinne ist die empirische Analyse der Wachstumsvorgänge unter ausdrücklichem Einbezug der Fortschrittskomponenten und deren numerische Bestimmung ein bedeutungsvolles Anliegen. Wir sind überzeugt, daß die erweiterte Form der Messung der Totalproduktivität (F in Formeln [8] und [9] bzw. Φ in Formel [13]) — die Realkostenmethode —, welche die Strukturkomponente und den Ausnutzungsgrad berücksichtigt und außerdem die eigentlichen direkten Kosten des technischen Fortschritts in den Griff zu bekommen versucht, das bessere Messungsverfahren in der Praxis ist[130]. Dieses Maß unter Einschluß der technischen Fortschrittskosten entspricht eher dem Konzept von *der Totalproduktivität* als der begrenzte Maßstab mit beiden Nennerwerten Realkapital-Bestand und Arbeits-*input*. Die Meßmethode der Totalproduktivität, die mit einer multiplikativen Verbindung der Bestimmungsfaktoren arbeitet, läßt sich, wie gezeigt wurde, mit einem ebenfalls nach dem multiplikativen Prinzip errechneten Strukturfaktor koppeln, um eine *strukturbereinigte Rate des technischen Fortschritts* als Endergebnis zu gewinnen. — Im Restwert der

---

[128] In der Zentralverwaltungswirtschaft, im totalen Staat, werden doch auch die Bildungsinvestitionen zweckbestimmt im Hinblick auf die Produktivitätssteigerung und das Wirtschaftswachstum durchgeführt.

[129] Ebenfalls Menges, a. a. O., S. 238.

[130] Vgl. dazu auch die Ausführungen Kendricks: "Although regression equations may be fitted to the output and input data to reveal the coefficient of technological progress, we have chosen to work in terms of productivity ratios, which provide a greater flexibility for the analysis of movements and of relationships with other variables." Derselbe in: Productivity Trends in the United States. NBER, Princeton: 1961, S. 8.

Trendvariablen ($\dot{F}/F$ in Formel [25] und [26]) innerhalb der entwickelten Produktionsfunktion sind, wie schon erwähnt, noch einige andere Faktoren wirksam, die mit dem eigentlichen technischen Fortschritt nichts zu tun haben, deren gemeinsames Moment nur darin zu suchen ist, daß sie alle tendenziell zu einer Steigerung der Produktion beitragen. Überdies sind die Zeitreihen für die zu betrachtende Berichtsperiode meistens nicht lückenlos pro Jahr vorhanden, wie das die Anwendung des Marginalprinzips und der Differentialgleichungen erfordert. Die Angaben über den Kapitalstock sind besonders mangelhaft, und zur Verfügung stehen oft nur Daten über weit auseinanderliegende Stichjahre[131].

Das Meßverfahren der globalen Mengenproduktivität — der durchschnittlichen Realkosten (Effizienz) — arbeitet zudem mit weniger abstrakten Annahmen wie die entwickelte gesamtwirtschaftliche Produktionsfunktion vom Cobb-Douglas-Typ mit eingebautem Trendfaktor (Gl. [22 a])[132]. Bei der praktischen Anwendung erstgenannter Methode ist auch keine Lückenlosigkeit der Zeitreihen erforderlich. Ist die Frage der Kausalität, des ursächlichen Zusammenhangs von Größen- und Qualitätsänderungen der Produktionsfaktoren Arbeit, Kapital, der Restkomponenten (technischer Fortschritt) und dem Produktionsergebnis durch bestimmte Hypothesen zur Aufstellung der Cobb-Douglas-Produktionsfunktion einfach umgangen worden, so läßt das andere Verfahren der entwickelten globalen Produktivitätsmessung (Gln. [3] bis [17]) trotz gewissen Einschränkungen begründetere Aussagen über die Wirkungszusammenhänge im Hinblick auf die Wachstumsrate zu. Dieses Vorgehen ist mehr pragmatischer Natur und nimmt nicht bestimmte technologische Beziehungen zwischen Faktor-*input* und Produkt-*output* wie im Falle der marginalen (theoretischen) Betrachtungsweise der globalen Produktionsfunktion à la Cobb-Douglas an. Zwar werden sich bei langfristigen Untersuchungen über 50 Jahre und mehr keine entscheidenden Unterschiede zwischen marginaler oder durchschnittlicher Berechnungsweise in der Praxis ergeben, wie dies Riese treffend bemerkt[133]. Allzu große Anforderungen können an die Genauigkeit der Ergebnisse ja nicht gestellt werden. Denkbar sind jedoch Meßversuche unter Verwendung eines andern Typus einer gesamtwirtschaftlichen Produktionsfunktion, wenn diese bessere Dienste leistet.

---

[131] Vgl. auch die Kritik von Reuss, der ebenfalls der Meinung ist, daß für die statistische Praxis „die Realkosten-Indizes besser geeignet sind". Derselbe, a. a. O., S. 138. — Das Grenzproduktivitäts-Konzept ist im Grunde ein theoretisches, wirtschaftswissenschaftliches, jedoch kein anschaulich historisches und damit statistisches Konzept.

[132] Ganz ehrlich nennt Bombach die Dinge beim richtigen Namen, wenn er schreibt: *Der Trendfaktor in der Produktionsfunktion* „ist ein Rest, ein Füllglied, und der Zeittrend ist ja meist nur eine Ausrede, wenn man nichts Genaueres weiß". Optimales Wachstum und Gleichgewichtswachstum. In: Optimales Wachstum und optimale Standortverteilung. Herausgegeben von E. Schneider. (Schriften des Vereins für Socialpolitik, N. F., Bd. 27.) Berlin: 1962, S. 59.

[133] H. Riese: Strukturprobleme des Wirtschaftswachstums. A. a. O., S. 2.

2. Neueste Meßkonzepte

Neuerdings wenden besonders Bombach[134], Weizsaecker[135] und Riese[136] ein, daß die Annahme eines völlig unabhängigen, autonomen technischen Fortschritts oder *dritten Faktors* von den Investitionen in Real- und eventuell in Bildungskapital eine Schwäche der erweiterten Cobb-Douglas-Methode darstelle. Vielmehr sei mindestens ein Teil des technischen Fortschritts durch die Investitionen in Realkapital *induziert.* Daher ist der technische Fortschritt aufzuteilen in die Rate autonomer technischer Fortschritte (f_a) und die Rate induzierter technischer Fortschritte (f_i). Somit setzt sich die Fortschrittsrate aus folgendem Summanden zusammen:

$$\frac{\dot{F}}{F} = f_a + f_i \frac{\dot{K}}{K}. \tag{29}$$

Die Gesamt-Fortschrittsrate ist demnach die Summe aus der unabhängigen Rate der autonomen Fortschritte und der Rate der induzierten technischen Fortschritte in Abhängigkeit zur Wachstumsrate des Realkapitals.

---

[134] G. Bombach: Von der Neoklassik zur modernen Wachstums- und Verteilungstheorie. SchwZfSt. *100* (1964), S. 415 f. Derselbe: Über die Problematik von Wachstumsprognosen. In: Festschrift für J. Åkerman. A. a. O., S. 9, wo er noch die herkömmliche Konzeption vertritt. Derselbe: Die verschiedenen Ansätze der Verteilungstheorie. In: Einkommensverteilung und technischer Fortschritt. (Schriften des Vereins für Socialpolitik, N. F. *17*.) Berlin: 1959, S. 129 f. Hier wird der technische Fortschritt einmal unabhängig und dann abhängig von dem Zuwachs des Realkapitals dargestellt, was nicht zulässig ist. Wenn der technische Fortschritt vollkommen abhängig vom Wachstum des Realkapitals ist

$$\frac{\dot{F}}{F} = \frac{\dot{F}}{F}\left(\frac{\dot{K}}{K}\right)$$

oder vereinfacht geschrieben

$$f = f\,(w_k),$$

wobei

$$\frac{df}{dw_k} > 0;$$

dann wird *implicite* angenommen, daß die Kapitalintensität langfristig steigt, was gut vertreten werden kann. Jedoch ist der Einbau des obigen Ausdrucks in eine Cobb-Douglas-Produktionsfunktion mit einer *unabhängigen* Trendvariablen als Restglied mathematisch nicht gangbar.

[135] C. C. von Weizsaecker: Wachstum, Zins und optimale Investitionsquote. Tübingen: 1962, S. 60 f. und 65 f. Dieser Autor spricht sogar von einem „zweiten Kapitalstock" des Bildungskapitals, der ebenfalls Abschreibungskosten verursacht. Das Arbeiten mit Strömungsgrößen für das Bildungskapital (die Lern- und Forschungskosten) ist unseres Erachtens die weitaus bessere Methode für die Messung der Fortschrittskomponenten.

[136] H. Riese: Gleichgewichtswachstum und optimales Wachstum in der neoklassischen Wachstumstheorie. Kyklos *17* (1964), S. 48 f.

Schon Kaldor hat einen *untrennbaren* Zusammenhang zwischen dem technischen Fortschritt (Neuerungen) und der Kapitalakkumulation erkannt und in seiner "technical progress function" zu beweisen versucht. Vgl. N. Kaldor: A Model of Economic Growth. EJ *67* (1957), S. 591 ff.

Entsprechend läßt sich dann [ähnlich Gl. (23)] das gesamte Wachstum des Produktionsergebnisses umschreiben durch:

$$\frac{\dot{P}}{P} = m\frac{\dot{A}}{A} + (n + f_i)\frac{\dot{K}}{K} + f_a. \tag{30}$$

Mit dieser Verfeinerung ist nach unserer Auffassung für die statistische Messung wenig gewonnen. Sicher ist der technische Fortschritt immer abhängig entweder vom Einsatz von Realkapital (Re- und Netto-Investitionen) und/oder von gesteigerten Kosten für Ausbildung, Grundlagen- und Verfahrensforschung. Letztere Kostenarten sind, abgesehen von der speziellen Berufsausbildung und der Zweckforschung, mehr in indirekter, mittelbarere Weise mit dem technischen Fortschritt — in wirtschaftstheoretischem Sinne verstanden — verbunden. Trotzdem scheint uns für empirische Untersuchungen jenes Verfahren vorteilhafter zu sein, bei dem die Rate des technischen Fortschritts gesamthaft im Verhältnis zum Einsatz in *human capital* und zu den beiden andern Faktoreinsätzen von Realkapital und Arbeit im Zeitpfad der Entwicklung als *output* per Einheit des Gesamt-*input* gemessen wird. Denn ein Kriterium zur exakten Trennung von autonomen und induzierten technischen Fortschritten ist von den vorher genannten Nationalökonomen nicht näher ausgearbeitet worden[137]. Ferner werden sich in der f_a-Rate hauptsächlich wiederum die statistischen Fehler, eventuelle *economies of scale,* aneutrale Entwicklungen des technischen Fortschritts und alle nicht ausdrücklich in den Meßansatz einbezogenen *input*-Faktoren auswirken. Mit anderen Worten, die Rate des autonomen technischen Fortschritts hat einen Restwert-Charakter. Eine Umformung der Gl. 30 nach

$$f_a = \frac{\dot{P}}{P} - m\frac{\dot{A}}{A} - (n + f_i)\frac{\dot{K}}{K}$$

ist erstens nicht zulässig und bringt uns zweitens auch keine neuen Erkenntnisse. Auch kann im Zuge des reinen Re-Investitionsprozesses, also bei einer Netto-Realinvestition von Null, ein technischer Fortschritt (neutraler und realkapital-sparender Art nach Hicks) vor sich gehen unter der Voraussetzung, daß vorher Bildungsinvestitionen getätigt wurden. Ebenfalls ist ein technischer Fortschritt denkbar bei konstanter Realkapital-Intensität (K/A const.). Gerade unter dieser Bedingung, die weniger einengend ist als die vorhergehende von der Null-Netto-Investition, ist ein technischer Fortschritt noch eher möglich, wenn z. B. Real-

[137] Schon Hicks führte 1932 in seiner "Theory of Wages" für den technischen Fortschritt die Unterscheidung zwischen *autonomen* und *induzierten* Erfindungen ein. Unter induzierten Erfindungen verstand er solche, die durch Faktorpreisänderungen induziert werden; d. h. diese Erfindungsgattung wird durch das Auftreten der relativen Änderungen der Faktorpreise hervorgerufen. Dagegen werden die autonomen Erfindungen aus unabhängigen, wahrscheinlich stoßweise und sporadisch auftretenden Inspirationen großer Geister entstehen. Messungstechnisch führt uns aber eine derartige Unterscheidung nicht weiter. (Vgl. J. R. Hicks: The Theory of Wages. London: 1932, S. 121 ff.)

kapital- und Arbeitseinsatz gleichmäßig wachsen. Jedoch werden auch in diesem Fall in der Regel I_{tf}-Investitionen einer wirtschaftlichen Realisierung von technischen Fortschritten vorausgehen.

Der praktischere Weg zur Lösung des Messungsproblems ist deshalb der Einbau einer weiteren *input-Kategorie,* der Investitionen in Bildungskapital, in den Meßansatz, sei es nach dem von uns weiterentwickelten NBER-Verfahren oder nach der verfeinerten Cobb-Douglas-Methode. Natürlich wird auf diese Weise die Fortschrittsrate in beiden Fällen verkleinert, wie uns die errechneten Werte für F^t in den Tabellen 8 und 9 beweisen. Hier zeigt sich auch deutlich der Vorteil der Messungsmethode von der totalen Mengenproduktivität, wo das Problem der Multikollinearität in den Hintergrund tritt. In diesem Zusammenhang betont gerade Domar, daß wir vorteilhafterweise die Meßansätze von der totalen Mengenproduktivität nicht als Produktionsfunktion zu behandeln haben, sondern nur als einfache, willkürliche arithmetische Indizes, wobei der *output* jeweils durch den *input* zu dividieren ist[138]. Wollten wir in vermehrtem Maße fortfahren, weiter zusätzliche *input*-Faktoren in irgendeinen Meßansatz, gleich welcher Art, einzubauen, so werden wir bei empirischen Untersuchungen bald keine Fortschrittsrate mehr ermitteln können. Als Grenzwerte ergäbe sich wieder die Einheit, d. h. eine Zuwachsrate von tendenziell Null. Somit ließe sich die Steigerung des *output* pro Einheit *aller inputs* nicht mehr empirisch erfassen. Daraus wird ersichtlich, daß einem zu großen Perfektionismus Grenzen gesetzt sind. Es führt uns aber auch deutlich vor Augen, wie willkürlich und konventionell unsere Meßmethoden sind. Der Total-*output* wird dabei als eine mehr oder weniger homogene Masse von Gütern angesehen, und dazuhin werden meistens unveränderte Verteilungsraten für das Sozialprodukt angenommen.

Um den erweiterten Ansatz der Cobb-Douglas-Produktionsfunktion mit eingebauter Trendvariablen (F^t) zu verbessern, haben sich besonders Solow und Denison verdient gemacht. In seinen neueren Arbeiten versucht Solow[139], die Qualitätsänderungen des Kapitalstocks — *the design improvements* oder *the embodied technical progress* — speziell zu berücksichtigen. Damit will er die Komplementarität zwischen dem technischen Fortschritt und der Investition in Realkapital aufzeigen. Solche *rein realkapital-benötigenden* technischen Fortschritte stehen im Gegensatz zu den *organizational improvements* oder *the disembodied technical progress*[140]. Auf Grund dieser Überlegung versucht er, den Fix-Kapital-

---

[138] E. D. Domar: On Total Productivity and All That. JPE *70* (1962), S. 604.

[139] R. M. Solow: Investment and Technical Progress. In: Mathematical Methods in the Social Sciences. Stanford: 1959. Derselbe: Technical Progress, Capital Formation, and Economic Growth. AER *52* (1962), papers and proceedings, S. 76—86. Derselbe: Capital Theory and the Rate of Return. Amsterdam: 1963.

[140] Die Unterscheidung zwischen realkapital-verkörperten und nicht-verkörperten technischen Fortschritten deckt sich keinesfalls mit derjenigen von induzierten und autonomen technischen Fortschritten!

stock zu gewichten nach dem Alter. So erhalten neue Anlagen und Maschinen höhere Gewichte, da sie höchstwahrscheinlich höhere Nutzungen (Dienstleistungen) abwerfen. Die in diesem Sinne verbesserte Produktionsfunktion lautet dann:

$$P_t = A_t^m \,.\, J_t^{1-m} \,.\, F_t'. \tag{31}$$

In der obigen Gleichung bedeutet J_t den im Gebrauch stehenden, (beträchtlich) qualitätsgewichteten Realkapitalstock als Ausdruck der technischen Entwicklung, verkörpert in den neueren und allerneuesten Kapitalgütern. F_t' ist wiederum die Restkomponente, die hier zwar kleiner sein muß als in den früheren Gleichungen.

Die Steigerung der Qualität der Kapitalgüter infolge technischer Fortschritte wird nach Solow folgendermaßen ermittelt:

$$J_t = \sum_0^t K_{vt} \,.\, (1 + \lambda_k)^v. \tag{32}$$

K_{vt} sind die Kapitaleinheiten, fertiggestellt im Jahre v *(of vintage v)*, welche noch in Nutzung stehen im Zeitpunkt $t \geqq v$; λ_k drückt die Steigerung der Qualität des Kapitalstocks pro Jahr aus[141]; J_t ist somit der im Produktionsprozeß wirksame überlebende Kapitalstock (Gebäude und Ausrüstungen) der verschiedensten Baujahre und von unterschiedlicher technischer Vollkommenheit. Dieser sogenannte *embodiment effect* des Realkapitals, hervorgerufen durch den technischen Fortschritt, wirkt sich also in zwei Richtungen aus: den Qualitätsverbesserungen und den Veränderungen (Sinken) des Durchschnittsalters des zur Verfügung stehenden Kapitalstocks. Die neueren Kapitalgüter sind zwar produktiver, jedoch ist die Produktionselastizität des gesamten Realkapitals dieselbe.

Hier handelt es sich um eine typisch mittelfristige Betrachtung, wie sie bei Produktivitätsmessungen gegeben erscheint. Keineswegs lassen sich mit dem beschriebenen Verfahren langfristige Betrachtungen vom *golden age* oder Prognosen anstellen. Das Alter der im Gebrauch stehenden Kapitalgüter wird sich in der Zeitfolge verändern; ebenfalls kann sich der Qualitätsfaktor λ_k als Ausdruck für die Erhöhung der Qualität des Kapitalstocks langfristig ändern. Zwischen dem durch die neuen Kapitalgüter möglichen *potentiellen output* und dem *verwirklichten output* bestehen außerdem Unterschiede, die sich im Zeitablauf unregelmäßig auswirken können, je nach der Entwicklung der wirksamen Nachfrage. Ferner ist nicht gesagt, daß das Verhältnis zwischen *embodied* und *disembodied* technischen Fortschritten über lange Perioden hinweg unverändert bleibt. Als weitere kritische Einwände sind zu erwähnen: Die wirtschaftliche

---

[141] Hier nimmt Solow an, daß die neuen Kapitalgüter jeweils die letzten Erkenntnisse der Fortschritte der Technik verkörpern. Vgl. Solow: Investment and Technical Progress. A. a. O., S. 91. Weiter impliziert er eine gleichbleibende Qualität des Arbeitsfaktors, eine nicht gerade wirklichkeitsnahe Annahme. — Wir haben die obigen Gleichungen nicht in der Schreibweise des Autors, sondern in vereinfachter Form wiedergegeben.

Lebensdauer eines bestimmten Kapitalgutes in einem bestimmten Wirtschaftsbereich ist sehr gestreut. Dabei wird die Nutzungsdauer stark beeinflußt durch die Steuergesetze, durch die Vorschriften über die steuerlich zulässigen Abschreibungssätze in den verschiedenen Zeitperioden und in verschiedenen Ländern. Außerdem ist natürlich auch die Intensität der Nutzung der Kapitalgüter sehr unterschiedlich in den einzelnen Perioden. Es liegt auch die Vermutung nahe, daß bei steigender Kapitalintensität und sinkender Arbeitszeit die Nutzungen der neuen Kapitalgüter bis zu einer bestimmten Grenze eher rascher zunehmen als der Kapitalstock selbst. Diese Überlegung liegt auf derselben Linie wie die Aussage Domars, der auf Grund seiner Berechnungen mit Hilfe eines Sektoren-Modells der US-Volkswirschaft bei Verwendung der Cobb-Douglas-Funktion mit Trendvariabler (geometrischer Indizes der Totalproduktivität) resigniert feststellt: „There is little hope that the improving quality of capital in the restricted meaning used in this note will account for a significant part of the growth of the Residual, et least in the aggregate American economy."[142] Und leider besitzen wir keine oder zuwenig gesicherte Statistiken über die wirtschaftliche Nutzungsdauer der produzierten Kapitalgüter.

Eindrücklich weist Denison darauf hin, daß es keine Möglichkeit bis heute gibt, die Fortschritte im gesellschaftlichen und technischen Wissen der Arbeit, dem Realkapital und dem Boden zuzurechnen[143]. Auf Grund der Mängel des besprochenen Verfahrens, das die durch den technischen Fortschritt verursachten Qualitätsänderungen des Fixkapitals in den Griff zu bekommen versucht, entwickelt er eine andere Methode, die die menschliche Arbeit in den Mittelpunkt der Betrachtung stellt. Ausgehend von der Annahme, daß der Arbeitsfaktor die *wichtigste* Produktivkraft im Produktionsprozeß darstellt, versucht Denison, *die Änderungen* der Quantität und vor allem *der durchschnittlichen Qualität des Arbeitseinsatzes* möglichst genau zu erfassen.

Und zwar korrigiert er den Arbeitseinsatz entsprechend den Arbeitsqualitätsveränderungen infolge von verbesserter Ausbildung, von Änderungen in der Alters- und Geschlechtsverteilung innerhalb der Beschäftigten — die steigende Qualität der Frauenarbeit im Verhältnis zum erreichten Qualitätsstandard der Männer — und schließlich infolge von Verkürzung der wöchentlichen Arbeitszeit, die ebenfalls die Arbeitsproduktivität pro Stunde tendenziell anhebt (jedoch mit sinkender Zuwachsrate)[144]. Formelmäßig vereinfacht, läßt sich sein Meßansatz so in

---

[142] E. D. Domar: Total Productivity and the Quality of Capital. JPE *71* (1963), S. 587.

[143] E. F. Denison: The Sources of Economic Growth in the United States and the Alternatives Before Us. A. a. O., S. 96.

[144] Vgl. Denison, a. a. O., S. 67 ff. und speziell Tafel 11 auf S. 85. Übrigens bemerkt er auch, daß es unmöglich ist, die *economies of scale* von den Veränderungen der Qualitäten der Einsatzfaktoren und vom technischen Fortschritt zu trennen (S. 173). Die beiden Amerikaner Murray Brown und Joel Popkin haben zwar versucht, eine Messungsmethode zu finden, mit Hilfe derer die Veränderungen des *output* einmal dem neutralen bzw. nicht-neutralen tech-

Symbolen schreiben:

$$P_t = (A_t \cdot q_t)^m \cdot K_t^{1-m} \cdot F_t^*, \tag{33}$$

bzw.

$$P_t = Q_t^m \cdot K_t^{1-m} \cdot F_t^*. \tag{33 a}$$

Dabei drückt Q den Arbeits-*input* aus, der *qualitativen* und quantitativen Änderungen unterliegt. In relativen Änderungsraten geschrieben ist

$$\frac{\Delta Q}{Q} = \frac{\Delta A}{A} + \frac{\Delta q}{q}. \tag{34}$$

Das heißt, die Änderungsraten des gesamten Arbeits-*input* sind zurückzuführen auf Änderungen der Arbeitsmenge und der durchschnittlichen Arbeitsqualität. Die Änderungsrate der Arbeitsqualität $\Delta q/q = \lambda_a$ ist relativ konstant, hängt jedoch von verschiedenen Variablen (den drei obengenannten Einflußfaktoren) ab, wodurch diese Messungsmethode viele Vorarbeiten zur Beschaffung und Aufbereitung des notwendigen statistischen Materials erfordert. Daher ist die Anwendung dieses Verfahrens relativ schwerfällig, zeitraubend und mit einer Reihe von statistischen Mutmaßungen über die jährliche Entwicklung der Arbeitsqualität pro Arbeitsstunde (Arbeitseinheit) behaftet. Die Ergebnisse sind trotzdem oder gerade deswegen recht einleuchtend. Wiederum wird die Trendvariable F der früheren Gln. 22, 23 und 26 eingeengt, verkleinert zu F^*. Nach den Berechnungen von Nelson[145] auf Grund der Daten Denisons sind bei einer jährlichen Wachstumsrate des Restwert-Postens von 2 % für die USA von 1929—1960 — einer Produktionselastizität des Arbeitsfaktors m von 0,75, einer Zuwachsrate der Arbeitsqualität λ_a von 1,4 %, somit ist $m \cdot \lambda_a = 1{,}0$ % — ca. 1 % oder die Hälfte den Verbesserungen der Arbeitsqualität zuzuschreiben und nur noch 1 % dem eigentlichen Restwert als nicht erklärte Einflußgröße[146]. — Wollen wir den Rest von 1 % dazuhin durch die Verbesserung der Kapitalqualität erklären, so

---

nischen Fortschritt und/oder zum andern den Veränderungen der Skalenerträge — *economies or diseconomies of scale* — neben den gewichteten *input*-Änderungen zugerechnet werden können. Ausgangspunkt ist wiederum eine Cobb-Douglas-Produktionsfunktion, die nach dieser Konzeption in der Weise verfeinert wird, daß auch die technisch bestimmten Parameter als Variable, als Funktionen der Zeit betrachtet werden. Diese Aufspaltung des *output*-Wachstums nach drei verschiedenen Einflußfaktoren, wobei die vorherrschende Art des technischen Fortschritts und auch der Charakter der Skalenerträge nicht einwandfrei abgeklärt werden kann, ist nach unserem Dafürhalten nicht überzeugend gelungen. (Vgl. M. Brown and J. Popkin: A Measure of Technological Change and Returns to Scale. REStatistics *44* (1962), S. 402—411.)

[145] R. R. Nelson: Aggregate Production Functions and Medium-Range Growth Projections. AER *54* (1964), S. 589.

[146] Ist jedoch die Summe der Produktionselastizitäten der *input*-Faktoren größer als *eins* — bei einer allgemeineren Produktionsfunktion mit konstanter Substitutionselastizität (CES-Funktion) —, so wird natürlich die Größe von $\Delta F/F$, F' oder im obigen Falle F^* verringert!

muß bei einer Produktionselastizität des Kapitals n oder $(1 - m)$ von 0,25 $\lambda_k = 4\,\%$ betragen. Somit ergibt sich für $(1 - \text{m})\,\lambda_k$ wiederum $1\,\%$.

Das wäre eine zu schöne, einfache Lösung unseres Messungsproblems. Die Änderungsrate der Kapitalqualität dürfte übrigens wohl kaum konstant in der Zeitfolge sein. Wenn aber λ_k als Veränderungsrate der Kapitalqualität in Wirklichkeit niedriger ist, als berechnet wurde, so wäre die Bedeutung der Wachstumsrate des Realkapitals auf den Restwert-Satz (die Trendvariable) geringer, als Solow vermutete. Speziell da Solow in seinem *capital-embodied approach* die *gesamte* Restwert-Veränderung durch die Veränderungen der Qualität der neuen (marginalen) Kapitalgüter zu erklären versucht. Daraus ist zu schließen, daß das Vorgehen von Denison, der die Qualitätsänderungen des Arbeitsfaktors in den Vordergrund rückt, ebenfalls seine Berechtigung hat, um die Restwertkomponente der entwickelten Cobb-Douglas-Funktion zu verkleinern und zu erklären.

Die beiden Gesichtspunkte von Solow und von Denison, von durch den technischen Fortschritt hervorgerufenen Qualitätsänderungen des Realkapital-*input* einerseits und des Arbeits-*input* anderseits, versucht nun Nelson in einem *einzigen* Ansatz zu verbinden. Außerdem baut er auch die Veränderungen des durchschnittlichen Nutzungsalters der Realkapital-Güter $(\Delta\,a)$ *explicite* in seine Messungsformel ein[147].

$$\frac{\Delta P}{P} = m\,\lambda_a + (1-m)\,\lambda_k - (1-m)\,\lambda_k\,\Delta\bar{a} + m\frac{\Delta A}{A} + (1-m)\frac{\Delta h}{K} + \frac{\Delta F^{**}}{F^{**}}. \tag{35}$$

Hier ist $\Delta F^{**}/F^{**}$ als Restwert noch mehr eingeengt worden. Dieser Term steht dann nur noch für solche Verbesserungen, die nicht „verkörpert" sind, weder im Realkapital- noch im Arbeitsfaktor, sondern höchstens in „besserer Zuteilung der Ressourcen oder besseren Management-Praktiken", d. h. nur rein organisatorischen Verbesserungen. Die Bezeichnung dritter Faktor oder gar technischer Fortschritt ist für F^{**} als Residuumposten nicht mehr am Platz. Es kommt einem gerade dabei der Ausdruck *Maßgröße unserer Unwissenheit,* der wahrscheinlich von Abramovitz zum ersten Mal ausgesprochen wurde, in Erinnerung. Diese Maßgröße als relative Veränderungsrate in Gl. (35) kann unter Umständen nicht nur gegen Null tendieren, sondern sogar negative Werte annehmen. Wir können mit Nelson dahingehend übereinstimmen, daß von Solow „die Korrelation zwischen dem Wachstum des Realkapitals und dem Wachstum der totalen Mengenproduktivität überschätzt, dagegen von Denison unzweifelhaft unterschätzt wird"[148]. Bei vorwiegend limitationalen Eigenschaften der Produktionsfaktoren im modernen Produktionsprozeß ist die Annahme einer gewissen Komplementarität der Entwicklung der Qualitäten beider Produktionsfaktoren, von Arbeit und von Realkapital, eine

---

[147] R. R. Nelson, a. a. O., S. 587. — Natürlich frägt es sich auch hier, ob die Produktionselastizität des Realkapitals $(1-m)$ nicht unabhängig von derjenigen der Arbeit ermittelt werden soll. Hier wäre dann der Exponentenfaktor n einzusetzen.

[148] Nelson, a. a. O., S. 604.

brauchbare Arbeitshypothese; obwohl theoretisch gesehen jegliche Spielart der Cobb-Douglas-Funktion auf der Annahme unbegrenzter Faktor-Substitutionalität beruht.

So wird sich die Messungsweise, d. h. der Maßstab, zugegebenermaßen nach dem Zweck einer Untersuchung richten müssen. *Natürlich ist jede Index-Konstruktion letzten Endes auf einen ganz bestimmten Messungs-Zweck hin aufgestellt worden.* Aber bei der Unvollkommenheit der Daten zur Messung des technischen Fortschritts ist es der Verantwortung des Statistikers und Nationalökonomen anheimgestellt, die notwendigen „Kompromisse und Improvisationen", nach den Worten von Siegel, in genialer Weise festzulegen[149]. Bei der Verschiedenheit der denkbaren individuellen Gesichtspunkte zu unserem Problem gibt es demzufolge auch verschiedene Lösungsmöglichkeiten. Das ist letzten Endes der tiefere Grund, weshalb über die Produktivität und den technischen Fortschritt *keine einheitliche Konzeption* in Nationalökonomie, Betriebswirtschaftslehre und Statistik vorhanden ist.

Auch das Problem des *In-den-Griff-Bekommens,* des Messens einer Menge der verschiedensten Güter von „extrem heterogenem Charakter" sowohl auf der Einsatz- als auch auf der Ausstoß-Seite und die Veränderung der objektiv in einer wirtschaftlichen Schätzungsrechnung erfaßbaren technologischen Qualitäten und Zusammensetzung dieser Güter in einer Reihe von Folgeperioden läßt sich nur durch Annahme gewisser, willkürlich festgelegter Konventionen lösen. Durch die Verwendung bestimmter Gewichtungssysteme werden die *input-* und die *output-*Größen umgewertet in gleichnamige Größeneinheiten, die sich aus einer Art von homogenen Währungseinheiten mit derselben Kaufkraft zusammensetzen.

In der gebotenen Bescheidenheit bleibt am Schluß unserer Betrachtungen zu sagen, daß das, was wir bis heute messen können, weniger den technischen Fortschritt an sich darstellt, sondern mehr ein verfeinerter Produktivitätsindex oder „Index der Faktor-Ersparnisse pro *output-*Einheit" ist, der als Ausdruck eines Zeitvergleiches zwischen Perioden mit unterschiedlicher *angewandter Technik* und veränderten Strukturverhältnissen umschrieben werden kann[150]. Das eigentliche Hauptziel aller Meßversuche ist eine Messung der *ökonomischen Effizienz im Hinblick auf den Faktoreinsatz.*

Das Endergebnis der Methode der Messung der entwickelten totalen Mengenproduktivität, eine Indexzahl in ihrer Abstraktheit über *die Größe der Wirkungskraft des technischen Fortschritts,* besitzt im Rahmen der übrigen Wachstumserscheinungen ihre Aussagefähigkeit. Zusammen mit der Entwicklung der Indizes von Arbeit, Kapital, Kapitalintensität, der Lern- und Fortschrittskosten und des Gesamt-*output* liefert sie eine *dynamische Konzeption auf empirischer Grundlage über den gesamten Wachstumsprozeß.* Denn es ist nicht zu vergessen, daß das Problem des tech-

---

[149] I. H. Siegel: Aspects of Productivity Measurement and Meaning. In: Productivity Measurement Concepts. Bd. 1. A. a. O., S. 46.

[150] V. W. Ruttan: Usher and Schumpeter on Invention, Innovation and Technological Change: Reply. QJE 75 (1961), S. 155 f.

nischen Fortschritts weitgehend von seinem einmaligen *historischen Charakter* beherrscht wird. Deshalb ist für die Messung dieser Erscheinung die theoretische Annahme eines kontinuierlichen, gleichgerichteten, uniformen und sich automatisch reproduzierenden „neutralen“ Stromes abwegig.

Denjenigen, die angesichts des Berges von Schwierigkeiten, welche bei der Messung der Fortschrittskomponenten auftreten, auf eine Messung dieses dynamischen Wachstumsfaktors innerhalb der Volkswirtschaft verzichten wollen oder eine solche aus verschiedenen Gründen ablehnen, sei ein Wort des großen Physikers Lord Kelvin ins Gedächtnis gerufen:

"I often say that when you can measure what you are speaking about, and express it in numbers, you know something about it; but when you cannot measure it, when you cannot express it in numbers, your knowledge is of a meager and unsatisfactory kind."[151]

Der technische Fortschritt als solcher wird in unseren Tagen mittels Arbeitsvorbereitung und Terminplanung nicht nur rational, sondern auch womöglich rationell produziert. Die Investitionen für Erziehung und Ausbildung, Forschung und Entwicklung wachsen in jüngster Zeit ganz gewaltig. Es scheint daher berechtigt, dieses aktuelle und wichtige Wachstums-Problem durch weiteres Studium in den Griff zu bekommen und zahlenmäßig zu erfassen, um die menschliche Erkenntnis zu bereichern.

Anhang

Die Aussagefähigkeit der folgenden beiden Tabellen ist sehr beschränkt. Zwar steigt die Zahl der eingereichten Patentgesuche in beiden Ländern in den letzten Jahren an, jedoch bleibt die Zahl der erteilten Patente konstant oder nimmt sogar ab. Das hängt damit zusammen, daß sich die Wartefrist von der Einreichung des Gesuches bis zur Erteilung auf sechs und, wenn nicht bald etwas geschieht, auf acht Jahre verlängert. In den zitierten Zahlen sind natürlich auch die Patentanmeldungen aus dem Ausland und die an im Inland domizilierte Ausländer erteilten Patente enthalten. Bezüglich des Wachstums der Sozialprodukts — in diesem Falle vorzugsweise des Brutto-Sozialprodukts — zeigt die Entwicklung der Patenterteilung eine *negative Tendenz. Demnach sind die Zahlen der erteilten Patente als Maßzahlen für den technischen Fortschritt nicht geeignet!*

Gründe für diese Entwicklung der Patentzahlen gibt es außer dem bereits genannten eine ganze Reihe: Die rasche Ausweitung des Sachwissens, die vermehrte Spezialisierung der Forschungs- und Entwicklungstätigkeit und die gewaltig gestiegenen Forschungskosten ermöglichen es

---

[151] Lord Kelvin (Thomson, William): Popular Lectures and Addresses by Lord Kelvin. Bd. 1. London: 1889, S. 73. — Ferner: H. A. Simon, der ebenfalls die Wichtigkeit der Messung des technischen Fortschritts betont. Derselbe: Effects of Technological Change in a Linear Model. In: Activity Analysis of Production and Allocation. Herausgegeben von T. C. Koopmans. London: 1951, S. 267.

Tabelle 10.
Zahl der Patente für die Schweizerische Eidgenossenschaft

Jahr	Eingereichte Patentgesuche	Erteilte Patente
1888/89	1 951	1650
1898	2 701	1956
1908	4 586	3429
1918	4 861	3443
1928	8 169	5548
1938	9 032	7180
1948	10 027	6552
1949	11 334	6991
1950	11 331	6728
1951	11 765	7314
1952	12 131	8008
1953	13 177	7505
1954	13 781	8727
1955	14 144	8215
1956	12 666	5829
1957	13 124	8500
1958	13 616	8633
1959	14 606	8476
1960	14 664	7269
1961	15 175	8172
1962	15 310	7084
1963	16 117	7851

Quelle: Festschrift, „75 Jahre Eidgenössisches Amt für geistiges Eigentum", Bern: 1963, S. 132.

Tabelle 11.
Zahl der Patente für die BRP Deutschland von 1950 — 1963

Jahr	Eingereichte Patentgesuche	Erteilte Patente
1950*	130 124	2 382
1951	60 201	27 767
1952	59 010	37 179
1953	60 950	37 113
1954	59 566	19 140
1955	54 865	14 760
1956	53 470	18 150
1957	53 002	20 467
1958	54 502	19 857
1959	56 611	22 556
1960	57 123	19 666
1961	58 188	20 550
1962	59 783	18 508
1963	61 031	15 542

* Das Deutsche Patentamt wurde 1949 eröffnet.

Quelle: Deutsches Patentamt, München, persönliche Auskunft; ferner „Blatt für Patent-, Muster- und Zeichenwesen", 1964, Heft 3, S. 77.

eher wenigen Groß-Unternehmungen, ein Team von „denkenden Köpfen" zu engagieren, um „Erfindungen zu produzieren". Hohe, gestaffelte Patentgebühren, die für die Einzelerfinder, die Klein- und Mittel-Unternehmung kaum erschwinglich sind, bewirken ebenfalls diese Stagnation der Patentzahlen.

Wer kann bei ausgedehntem internationalen Handel in den 25 wichtigsten Industrieländern seine Erfindung schützen lassen?

Die rasche technische Entwicklung, das rasche Auftauchen von neuen Produktionsverfahren und neuen Produkten macht den Patentschutz – mit einer Schutzfrist von 18 bis 20 Jahren in der Regel – ebenfalls problematisch.

In ähnlicher Weise scheint die verstärkte Tendenz zur Konzentration und eine (wirtschaftliche) Schließung des Marktzutritts in bestimmten Wirtschaftsbereichen den Patentschutz überflüssig zu machen.

Interessant ist zwar, daß die Sowjetunion und Jugoslawien ein Patentrecht entsprechend den Vorbildern westlicher Länder nach 1945 eingeführt haben, wobei das von uns bezeichnete Rechtsgut der *Angestellten-Erfindung* im Mittelpunkt des Rechtsschutzes steht. Dieses Vorgehen von Ländern mit einer kommunistischen Staatsideologie – die damit einen Teil des Privateigentums-Rechts „aus gesellschaftlicher Nützlichkeit" rekonstituieren – scheint doch der allgemeinen Auffassung recht zu geben, daß gesamthaft gesehen das Patentrecht den technischen Fortschritt und u. U. den Wettbewerb der „hellen Köpfe" und der Unternehmung fördert.

Literaturverzeichnis

Abramovitz, M.: Resource and Output Trends in the United States since 1870. American Economic Review, Papers and Proceedings, Bd. 46 (1956); ebenfalls erschienen als NBER-Publikation: occasional paper 52, New York 1956.

Allen, R. G. D.: Statistik für Volkswirte. Tübingen 1957.

Appavadhanulu, V.: Returns to Scale and Choice of Technique. Indian Economic Review, Bd. 5 (1961).

Arndt, D.: Investitionsstruktur, Angebotspotential und Gesamtnachfrage. Paper der Luzerner Tagung der Gesellschaft für Wirtschaft und Sozialwissenschaften über Strukturwandlungen einer wachsenden Wirtschaft, Luzern, 16. bis 19. September 1962.

Aukrust, O.: Investment and Economic Growth. Productivity Measurement Review, Nr. 16, Februar 1959.

Becker, G. S.: Human Capital, a theoretical and empirical analysis with special reference to education. New York and London 1964.

Below, F.: Zur statistischen Messung des technischen Fortschritts in der industriellen Produktion. Schmollers Jahrbuch, 70. Jahrgang (1950).

Beste, T.: Die optimale Betriebsgröße. Leipzig 1933.

Bloom, G. F.: A Note on Hicks's Theory of Invention. American Economic Review, Bd. 36 (1946).

Bombach, G.: Quantitative und monetäre Aspekte des Wirtschaftswachstums; Aufsatz in Finanz- und währungspolitischen Bedingungen stetigen Wirtschaftswachstums. Schriften des Vereins für Socialpolitik, Neue Folge, Bd. 15, Berlin 1959.

Bombach, G.: Die verschiedenen Ansätze der Verteilungstheorie; Aufsatz in Einkommensverteilung und technischer Fortschritt. Schriften des Vereins für Socialpolitik, Neue Folge, Bd. 17, Berlin 1959.

Bombach, G.: Probleme der Produktivitätsmessung. Konjunkturpolitik, 6. Heft, 1959.

Bombach, G.: Über die Problematik von Wachstumsprognosen. Festschrift für J. Åkerman: Money, Growth, and Methodology. Lund 1961.

Bombach, G.: Optimales Wachstum und Gleichgewichtswachstum; Aufsatz in Optimales Wachstum und Standortverteilung. Schriften des Vereins für Socialpolitik, Neue Folge, Bd. 27, Berlin 1962.

Bombach, G.: Bildungsökonomie, Bildungspolitik und wirtschaftliche Entwicklung. Aufsatz in: Bildungswesen und wirtschaftliche Entwicklung, Heidelberg 1964.

Bowman, M. J.: Human Capital: Concept and Measures. Festschrift für J. Åkerman: Money, Growth, and Methodology. Lund 1961.

Bronfenbrenner, M.: The Cobb-Douglas-Function and Trade-Union Policy. American Economic Review, Bd. 29 (1939).

Bronfenbrenner, M.: Production Functions. Econometrica, Bd. 12 (1944).

Brown, M. and J. Popkin: A Measure of Technological Change and Returns to Scale. Review of Economics and Statistics, Bd. 44 (1962), S. 402–411.

Buente, P.: Produktionstechnik, Kapital und Fortschritt. Berlin 1961.

Carell, E.: Abnehmender Bodenertragszuwachs. Artikel im Handwörterbuch der Sozialwissenschaften, Bd. 1, Stuttgart—Tübingen—Göttingen 1956.

Carter, C. F., W. B. Reddaway and R. Stone: The Measurement of Production Movements. Cambridge (England) 1948.

Cassel, G.: Theoretische Sozialökonomie. Leipzig 1919.

Champernowne, D. G.: The Production Function and the Theory of Capital: A Comment. Review of Economic Studies, Bd. 21 (1953/54).

Cherubino, S.: Progresso scientifico-tecnico, sviluppo economico e meccanismo dei prezzi, estratto dalla Rassegna Economica, Napoli N. 1 (Gennaio — Aprile 1962).

Clark, J. M.: Toward a Concept of Workable Competition. American Economic Review, Bd. 30 (1940).

Cobb, C. W. and P. H. Douglas: A Theory of Production. American Economic Review, Bd. 18 (1928), Supplement.

Davis, H. S.: The Industrial Study of Economic Progress. Philadelphia 1947.

Davis, H. S.: Productivity Accounting, Philadelphia 1955.

Debreu, G.: Numerical Representations of Technological Change. Metroeconomica, Bd. 6 (1954).

Denison, E. F.: Theoretical Aspects of Quality Change, Capital Consumption, and Net Capital Formation. Problems of Capital Formation, Concepts, Measurement, and Controlling Factors, Bd. 19 der Studies in Income and Wealth, Princeton 1957.

Denison, E. F.: The Sources of Economic Growth in the United States and the Alternative Before Us. New York 1962.

Diehl, K.: Gibt es ein allgemeines Ertragsgesetz für alle Gebiete des Wirtschaftslebens? Jahrbücher für Nationalökonomie und Statistik, Bd. 120, III. Folge, 65. Bd. (1923), I.

Dlugos, G.: Kritische Analyse der ertragsgesetzlichen Kostenaussage, Berlin 1961.

Domar, E. D.: On the Measurement of Technological Change. Economic Journal, Bd. 71 (1961).

Domar, E. D.: On Total Productivity and All That. Journal of Political Economy, Bd. 70 (1962).

Domar, E. D.: Total Productivity and the Quality of Capital. Journal of Political Economy, Bd. 71 (1963).

Douglas, P. H.: The Theory of Wages, orig. New York 1934.

Douglas, P. H.: Are there Laws of Production? American Economic Review, Bd. 38 (1948).

Durand, D.: Some Thoughts on Marginal Productivity with Special Reference to Professor Douglas' Analysis. Journal of Political Economy, Bd. 45 (1937).

Dupriez, L.: Progrès techniques et conjoncture économique. Vortrag, gehalten in Fribourg am 22. Februar 1962.

Engel, E.: Der Kostenwert des Menschen. Volkswirtschaftliche Zeitfragen. Berlin 1883.

Eppler, R.: Technischer Fortschritt als Wachstumsfaktor. Unveröffentlichtes Manuskript, Fribourg 1962.

Evans, W. D.: Index of Labor Productivity as a Partial Measure of Technological Change. Im Sammelwerk: Input-Output Relations, Leiden 1953.

Ezekiel, M. and K. A. Fox: Correlation and Regression Analysis Linear and Curvilinear, 3rd edition, New York 1959.

Fabricant, S.: Employment in Manufacturing 1899—1939. National Bureau of Economic Research, New York 1942.

Fabricant, S.: Economic Progress and Economic Change; thirty-fourth annual report. National Bureau of Economic Research, New York 1954.

Fabricant, S.: Basic Facts on Productivity Change. National Bureau of Economic Research, occasional paper *63*, New York 1959.

Fleck, F. H.: Untersuchungen zur ökonomischen Theorie vom technischen Fortschritt. Fribourg 1957.

Frisch, R.: Statistical Confluence Analysis by Means of Complete Regression Systems. Oslo 1934.

Fürst, G.: Die amtliche Statistik im Dienste der Produktivitätsmessung. Wirtschaft und Statistik, 5. Jahrgang, Neue Folge (1953), Heft 6.

Fürst, G., K.-H. Raabe und H. Sperling: Das Produktionsergebnis je Beschäftigten in den großen Bereichen der Volkswirtschaft 1950—1957. Wirtschaft und Statistik, 10. Jahrgang, Neue Folge (1958), Heft 1.

Ghanie Ghaussy, A.: Die Rolle des Energiesektors in der Entwicklungspolitik, Köln und Opladen 1960.

Grünig, F.: Substitution und technischer Fortschritt im gesamtwirtschaftlichen Wachstumsprozeß. Konjunkturpolitik, 5. Jahrgang (1959).

Grünig, F.: Die makro-ökonomischen Determinanten des Wirtschaftspotentials; ein Beitrag zur langfristigen Vorausschätzung. Deutsches Institut für Wirtschaftsforschung, Sonderhefte, Neue Folge, Nr. 52, Berlin 1960.

Gutenberg, E.: Die Produktion; Bd. 1 der Grundlagen der Betriebswirtschaftslehre. Berlin—Göttingen—Heidelberg 1951.

Gutenberg, E.: Über den Verlauf von Kostenkurven und seine Begründung. Zeitschrift für handelswissenschaftliche Forschung, Neue Folge, Nr. 5 (1953).

Gutenberg, E.: Offene Fragen der Produktions- und Kostentheorie. Zeitschrift für handelswissenschaftliche Forschung, Neue Folge, Nr. 8 (1956).

Haavelmo, T.: A Study in the Theory of Economic Evolution. 2. Aufl., Amsterdam 1954.

Hamberg, D.: Production Functions, Innovations, and Economic Growth. Journal of Political Economy, Bd. 67 (1959).

Harris, S. E.: Higher Education: Resources and Finance, New York 1962.

Harrod, R. F.: Towards a Dynamic Economics. London 1948.

Heady, E. O.: Basic Economic and Welfare Considerations of Farm Technological Advance. Journal of Farm Economics, Bd. 31 (1949).

Heady, E. O.: Economics of Agricultural Production and Research Use, New York 1952.

Hertel, W.: Produktionsmessung in der traditionellen Produktionstheorie und der linearen Programmierung. Zeitschrift für Betriebswirtschaft, Bd. 30 (1960).

Hicks, J. R.: The Theory of Wages. London 1932, 2. Auflage: New York 1948.

Hicks, J. R.: A Contribution to the Theory of the Trade Cycle. Oxford 1949.

Hoffmann, W.: Wirtschaftliche und soziologische Probleme des technischen Fortschritts. Reihe, herausgegeben von der Arbeitsgemeinschaft für die Forschung des Landes Nordrhein-Westfalen, Heft 8, Köln und Opladen 1954.

Hoffmann, W.: Zur Vorausschätzbarkeit von Produktivitätsveränderungen im Wachstumsprozeß. Zeitschrift für die gesamte Staatswissenschaft, Bd. 114 (1958).

Hoffmann, W.: The Growth of Industrial Economies. Manchester 1958.

Hoth, H. M.: Beitrag zur Klärung des Produktivitätsbegriffes und zur Produktivitätsmessung im Industriebetrieb. Düsseldorf 1958.

Huppert, W.: Volkswirtschaftliche Produktivität; Begriff und Messung. IFO-Studien, 1. Jahrgang (1955).

Jaccard, P.: Investir en hommes. Lausanne 1965.

Jacob, H.: Zur neueren Diskussion um das Ertragsgesetz. Zeitschrift für handelswissenschaftliche Forschung, 9. Jahrgang, Neue Folge (1957).

Jacob, H.: Das Ertragsgesetz in der industriellen Produktion. Zeitschrift für Betriebswirtschaft, 30. Jahrgang (1960), Nr. 8.

Johansen, L.: A Multi-sectoral Study of Economic Growth, Amsterdam 1960.

Kaldor, N.: A Model of Economic Growth. Economic Journal, Bd. 67 (1957).

Kelvin, Lord (Thomson, William): Popular Lectures and Addresses by Lord Kelvin. London 1889.

Kendrick, J. W.: Productivity Trends: Capital and Labor. National Bureau of Economic Research, occasional paper *53*, New York 1956; original in: Review of Economics and Statistics, Bd. 38 (1956).

Kendrick, J. W.: Productivity Trends in Agriculture and Industry. Journal of Farm Economics, Bd. 40 (1958).

Kendrick, J. W.: Productivity Trends in the United States. Princeton 1961.

Kennedy, Ch.: Technical Progress and Investment. Economic Journal, Bd. 71 (1961).

Klein, L. R. and M. Nakamura: Singularity in the Equation Systems of Econometrics: Some Aspects of the Problem of Multicollinearity. International Economic Review, Bd. 3, September 1962.

Kneschaurek, F.: Wachstumsprobleme der schweizerischen Volkswirtschaft. Wirtschaft und Recht, 13. Jahrgang (1961), Heft 1.

Krelle, W.: Verteilungstheorie. Tübingen 1962.

Krengel, R.: Wachstumskomponenten der westdeutschen Industrie. Konjunkturpolitik, 1. Heft, 1959.

Krieghoff, H.: Technischer Fortschritt und Produktivitätssteigerung. Berlin 1958.

Küng, E.: Die Bedeutung des *immateriellen Kapitals* für das Wirtschaftswachstum. Vortrag, gehalten in Fribourg am 26. Juni 1961.

Kuznets, S.: Commodity Flow and Capital Formation, Bd. 1. National Bureau of Economic Research, New York 1938.

Kuznets, S.: Measurement of Economic Growth; Economic Growth, A Symposium. Journal of Economic History, supplement VII (1947).

Kuznets, S.: Income and Wealth of the United States, Trends and Structure. Aufsatz in: Income and Wealth Series II, Cambridge (Mass.) 1952.

Lassmann, G.: Die Produktionsfunktion und ihre Bedeutung für die betriebswirtschaftliche Kostentheorie. Beiträge zur betriebswirtschaftlichen Forschung, Bd. 6, Köln und Opladen 1958.

Liefmann-Keil, E.: Erwerbstätigkeit, Ausbildung und wirtschaftliches Wachstum. Paper, vorgelegt an der Luzerner Tagung der Gesellschaft für Wirtschafts- und Sozialwissenschaften über Strukturwandlung einer wachsenden Wirtschaft, Luzern, 16. bis 19. September 1962.

Lowe, A.: Structural Analysis of Real Capital Formation. Capital Formation and Economic Growth, Princeton 1955.

Machlup, F.: The Production and Distribution of Knowledge in the United States, Princeton 1962.

Machlup, F.: Die Produktivität der naturwissenschaftlichen und technischen Forschung und Entwicklung. Arbeitsgemeinschaft für Forschung des Landes Nordrhein-Westfalen, Heft 122, Köln und Opladen 1963.

MacLaurin, R. W.: The Sequence from Invention to Innovation and its Relation to Economic Growth. Quarterly Journal of Economics, Bd. 67 (1953).

MacLaurin, R. W.: Innovation and Capital Formation in some American Industries. Im Sammelwerk: Capital Formation and Economic Growth, Princeton 1955.

Maddison, A.: Productivity in an Expanding Economy. Economic Journal, Bd. 62 (1952).

Meade, J.: A Neo-Classical Theory of Economic Growth. London 1960.

Mendershausen, H.: On the Significance of Professor Douglas' Production Function. Econometrica, Bd. 6 (1938).

Menger, C.: Bemerkungen zu den Ertragsgesetzen. Zeitschrift für Nationalökonomie, Bd. 7 (1936).

Menges, G.: Diskussionsbeitrag zur Generaldiskussion anläßlich der Tagung des Vereins für Socialpolitik in Baden-Baden, 1958. Finanz- und währungspolitische Bedingungen stetigen Wirtschaftswachstums, Berlin, 1959, S. 236 bis 240.

Mills, F. C.: Productivity and Economic Progress. National Bureau of Economic Research, occasional paper *38*, New York 1952.

Mincer, J.: Investment in Human Capital and Personal Income Distribution. Journal of Political Economy, Bd. 66 (1958).

Mitscherlich, A.: Die Ertragsgesetze. Berlin 1954.

Modigliani, F.: The Behavior of Income Shares. Studies in Income and Wealth, Bd. 27, Princeton 1964.

Niehans, J.: Das ökonomische Problem des technischen Fortschritts. Schweizerische Zeitschrift für Volkswirtschaft und Statistik, Bd. 90 (1954).

Niehans, J., G. Bombach, A. E. Ott: Einkommensverteilung und technischer Fortschritt. Schriften des Vereins für Socialpolitik, Gesellschaft für Wirtschafts- und Sozialwissenschaften, Neue Folge, Bd. 17, Berlin 1959.

Niitamo, O. E.: Zur Produktionsfunktion der finnischen Industrie. Weltwirtschaftliches Archiv, Bd. 86 (1961).

Ott, A. E.: Technischer Fortschritt. Artikel im Handwörterbuch der Sozialwissenschaften, Bd. 10.

Ott, A. E.: Zum Problem des technischen Fortschritts. Jahrbücher für Nationalökonomie und Statistik, Bd. 172 (1960), Heft 2.

Phelps-Brown, E. H.: The Meaning of the Fitted Cobb Douglas-Function. Quarterly Journal of Economics, Bd. 71 (1957).

Reuss, G. E.: Produktivitätsanalyse. Basel—Tübingen 1960.

Riese, H.: Strukturprobleme des wirtschaftlichen Wachstums; Series A: Nr. 25. Basle Centre for Economic and Financial Research, Basel 1959.

Riese, H.: Gleichgewichtswachstum und optimales Wachstum in der neoklassischen Wachstumstheorie. Kyklos, Bd. 17 (1964).

Robinson, J.: Essays in the Theory of Employment. Oxford 1947 (original 1937).

Robinson, J.: The Classification of Inventions. Im Sammelwerk: Readings in the Theory of Income Distribution, Philadelphia—Toronto 1946.

Robinson, J.: The Production Function and the Theory of Capital. Review of Economic Studies, Bd. 21 (1953—1954).

Robinson, J.: Essays in the Theory of Economic Growth, London 1963.

Rostas, L.: Alternative Productivity Concepts. Artikel in: Productivity Measurement Concepts, Bd. 1, herausgegeben von der European Productivity Agency, OEEC, Paris 1955.

Rothschild, K. W.: Langfristige Reallohn- und Lebensstandardvergleiche. Zeitschrift für Nationalökonomie, Bd. 16 (1956).

Roy, R.: Remarque sur les phénomènes des productions. Metroeconomica, Bd. 2 (1950).

Ruttan, V. W.: Technological Progress in the Meat Packing Industry 1919 to 1947. U. S. Department of Agriculture, Marketing Research Report Nr. 59 (1954).

Ruttan, V. W.: The Contribution of Technological Progress to Farm Output: 1950—1975. Review of Economics and Statistics, Bd. 38 (1956).

Ruttan, V. W.: Usher and Schumpeter on Invention, Innovation and Technological Change: Reply. Quarterly Journal of Economics, Bd. 75 (1961).

Sagoroff, S.: Über volkswirtschaftliche Energiebilanzen. Zeitschrift für Nationalökonomie, Bd. 18 (1958).

Sagoroff, S.: Die energetische Struktur der Volkswirtschaft. Anwendung der Matrizenrechnung in der volkswirtschaftlichen Energetik. Zeitschrift für Nationalökonomie, Bd. 19 (1959).

Salter, W. E. G.: Productivity and Technical Change, Cambridge (England) 1960.

Samuelson, P. A. and R. M. Solow: Balanced Growth under Constant Returns to Scale. Econometrica, Bd. 21 (1953).

Schmookler, J.: The Changing Efficiency of the American Economy: 1869 to 1938. Review of Economics and Statistics, Bd. 34 (1952).

Schneider, E.: Einführung in die Wirtschaftstheorie, II. Teil. 7. Auflage, Tübingen 1961.

Schultz, T. W.: Output-Input Relationships Revisited. Journal of Farm Economics, Bd. 40 (1958).

Schultz, T. W.: Capital Formation by Education. Journal of Political Economy, Bd. 68 (1960).

Schultz, T. W.: Education and Economic Growth. Im Sammelwerk: National Society for the Study of Education, Yearbook 1960, part II, Chicago 1961.

Schultz, T. W.: Investment in Human Capital. American Economic Review, Bd. 51 (1961).

Schultz, T. W.: The Economic Value of Education. New York and London 1963.

Schultz, T. W.: Transforming Traditional Agriculture. New Haven and London 1964.

Seton, F.: Soviet Economic Trends and Prospects Production Functions in Soviet Industry. American Economic Review, Papers and Proceedings, Bd. 49 (1959).

Siegel, I. H.: Concepts and Measurement of Production and Productivity, reproduced as a working paper of the National Conference on Productivity, 1952. Bureau of Labor Statistics, U. S. Department of Labor, Washington, D. C.

Siegel, I. H.: Aspects of Productivity Measurement and Meaning. Artikel in: Productivity Measurement Concepts, Bd. 1, herausgegeben von der European Productivity Agency, OEEC, Paris 1955.

Simon, H. A.: Effects of Technological Change in a Linear Model. Im Sammelwerk: Activity Analysis of Production and Allocation, herausgegeben von T. C. Koopmans, London 1951.

Smithies, A.: Economic Fluctuations and Growth. Econometrica, Bd. 25 (1957).

Solow, R. M.: Technical Change and the Aggregate Production Function. Review of Economics and Statistics, Bd. 39 (1957).

Solow, R. M.: Investment and Economic Growth: Some Comments. Productivity Measurement Review, Nr. 19, November 1959.

Solow, R. M.: Investment and Technical Progress. Im Sammelwerk: Mathematical Methods in the Social Sciences, 1959, Stanford 1960.

Solow, R. M.: Technical Progress, Capital Formation, and Economic Growth. American Economic Review, Bd. 52, Papers and Proceedings (1962), S. 76 bis 86.

Solow, R. M.: Capital Theory and the Rate of Return. Amsterdam 1963.

Spengler, O.: Der Mensch und die Technik. München 1932.

Steimel, K.: Der Standort der Industrieforschung in Forschung und Technik. Arbeitsgemeinschaft für Forschung des Landes Nordrhein-Westfalen, Heft 122, Köln und Opladen 1963.

Steindl, J.: Zur Berechnung von Indizes der Produktivität. Österreichisches Institut für Wirtschaftsforschung, 11. Sonderheft, Wien 1957.

Stigler, G. J.: Trends in Output and Employment, National Bureau of Economic Research, New York 1947.

Stigler, G. J.: Economic Problems in Measuring Changes in Productivity. Im Sammelwerk: Output, Input, and Productivity Measurement, Studies in Income and Wealth, Bd. 25, Princeton 1961.

Streissler, E.: Die volkswirtschaftliche Produktionsfunktion. Zeitschrift für Nationalökonomie, Bd. 19 (1959).

Svennilson, Ingvar: Samhällsekonomiska synpunkter på utbildning. Ekonomiks Tidskrift, Jahrg. 68 (1961).

Svennilson, Ingvar: Education, Research and Other Unidentified Factors in Growth, *paper,* vorgelegt am Wiener Kongreß der International Economic Association, Wien, 30. August bis 6. September 1962, über Economic Development.

Tinbergen, J.: Zur Theorie der langfristigen Wirtschaftsentwicklung. Weltwirtschaftliches Archiv, Bd. 55 (1942).

Toynbee, A. J.: Kultur und Scheidewege. Zürich—Wien 1949.

Valavanis-Vail, S.: An Econometric Model of Growth; USA: 1869–1953. American Economic Review, Bd. 45 (1955), S. 208–221.

Veit, O.: Die Tragik des technischen Zeitalters. Berlin 1935.

Vincent, L.-A.: Progrès technique et progrès économique. Revue économique, Bd. 12 (1961).

Vito, F.: Progresso tecnico prezzi e disoccupazione, Estrato dal volume: Progresso tecnico e svillupo economico, Milano (ohne Jahresangabe).

Waffenschmidt, W. G.: Produktion. Meisenheim/Glan 1955.

Walter, H.: Technischer Fortschritt und Faktorsubstitution. Jahrbücher für Nationalökonomie und Statistik, Bd. 175 (1963).

Weizsäcker, C. C. v.: Wachstum, Zins und optimale Investitionsquote. Basel—Tübingen 1962.

Wicksell, K.: Über Wert, Kapital und Rente. Jena 1898.

Wicksell, K.: Vorlesungen über die Nationalökonomie auf der Grundlage des Marginalprinzips, 2 Bände. Jena 1913.

Wicksteed, P. H.: The Co-ordination of the Laws of Distribution. London 1894.

Wold, H.: Demand Analysis, New York 1962, original 1953.

Sonstige Publikationen

Bankberichte der First National Bank of New York.

Bibliography on Productivity. European Productivity Agency, OEEC, Paris 1956.

Education in the USSR. U. S.-Department of Health, Education, and Welfare, reprinted Washington 1960.

Festschrift „75 Jahre Eidgenössisches Amt für geistiges Eigentum". Bern 1963.

Handwörterbuch der Sozialwissenschaften, abgekürzt: HdSozw., Stuttgart—Tübingen—Göttingen.

Statistical Yearbook. United Nations, New York.

Studies in Income and Wealth. Sammelreihe, Princeton (N. J.).

Veröffentlichungen des U. S. Department of Labor. Bureau of Labor Statistics: Trends in Output per Man-Hour in the Private Economy, 1908—1958, Washington D. C. 1959.